"十四五"职业教育国家规划教材

焊条电弧焊

主　编　王　洪　曾利艳

副主编　赵锦枭

U0281326

电子工业出版社

Publishing House of Electronics Industry

北京·BEIJING

内 容 简 介

本书共分为 5 个模块、10 个学习情境和 2 个项目，每个学习情境分为 4 个学习活动。

本书具备如下 3 个特点：一是理实一体化，根据焊工职业技能等级认定和特种作业焊工证及焊工职业技能大赛中操作技能的要求进行模块化重构；二是基于工作过程，由易到难，由浅入深，阶梯式地组织教学内容；三是重组学科体系理论知识，在培养学生操作技能的同时注重理论知识和职业素养等课程思政内容，提高学生的可持续发展能力。

本书可作为职业院校焊接技术相关专业的教材，也可作为相关技术人员的参考用书。

图书在版编目（CIP）数据

焊条电弧焊 / 王洪，曾利艳主编. —北京：电子工业出版社，2024.6

ISBN 978-7-121-37367-1

Ⅰ. ①焊… Ⅱ. ①王… ②曾… Ⅲ. ①焊条—电弧焊—职业教育—教材 Ⅳ. ①TG444

中国版本图书馆 CIP 数据核字（2019）第 191792 号

责任编辑：张　凌

印　　刷：北京雁林吉兆印刷有限公司

装　　订：北京雁林吉兆印刷有限公司

出版发行：电子工业出版社

　　　　　北京市海淀区万寿路 173 信箱　邮编　100036

开　　本：880×1 230　1/16　印张：10　字数：231 千字

版　　次：2024 年 6 月第 1 版

印　　次：2024 年 6 月第 1 次印刷

定　　价：30.00 元

党的二十大报告在"实施科教兴国战略，强化现代化建设人才支撑"部分中指出，要"统筹职业教育、高等教育、继续教育协同创新，推进职普融通、产教融合、科教融汇，优化职业教育类型定位""深化教育领域综合改革，加强教材建设和管理，完善学校管理和教育评价体系，健全学校家庭社会育人机制""推进教育数字化，建设全民终身学习的学习型社会、学习型大国"。本书以立德树人为根本任务，以岗位为导向，以能力为本位，构建理实一体化的数字课程。

本书是焊接技术应用专业基于工作过程导向的专业技能核心教材，是国家改革发展示范校课程改革成果，是焊接技术应用专业一体化课程系列教材之一。本书打破了以往教材知识体系的完整性，力求以理论知识够用为原则，考虑到职业院校学生的特点，着重强调操作技能和职业素养，融入焊工国家职业技能标准。

本书在编写过程中调研了相关企业、行业和部分职业院校，充分了解了本专业顶岗实习和毕业生就业岗位对能力和素养的要求，根据学生的认知规律，由浅入深阶梯式地设计教学任务，组织教学内容，学生在"做中学"，教师在"做中教"，帮助学生学会操作技能，掌握理论知识。

本书由王洪、曾利艳担任主编，赵锦枭担任副主编。在本书的调研和编写过程中，编者得到了相关企业的大力支持和无私帮助，以及有关专家和同行的有益指导，同时引用了一些专家所编著的文献和资料，在此一并表示感谢。本书已全部实行了数字化，对应课程被湖南省教育厅认定为职业院校省级精品课程。

由于编者水平有限，书中难免存在不妥之处，恳请广大读者批评指正。

编 者

扫一扫观看本书
配套视频资源

目录
Contents

模块一 表面敷焊

模块二 板材角焊

模块三　板材对接焊

模块四　管材对接焊

模块五　拓展训练

模块一　表面敷焊

平 敷 焊

平敷焊是指在水平放置的钢板表面上堆敷一层焊道，也叫堆焊。平敷焊是焊工的入门项目，该项目主要训练焊工的基本功，为后续的立敷焊和对接焊打下基础。

学习目标

1. 能读懂工作任务书和查阅相关资料；
2. 了解电弧的产生原理和电弧长度与温度的关系；
3. 了解弧焊电源的种类和型号及常用交流、直流弧焊电源的特点；
4. 掌握直流弧焊电源的极性接法；
5. 了解焊条的组成及分类；
6. 能正确使用焊接设备及工量具进行操作；
7. 能正常使用焊缝测量尺进行焊缝检测；
8. 能进行直击法和划擦法引弧；
9. 掌握基本操作姿势和焊条角度；
10. 能进行直线形、锯齿形、月牙形、圆圈形和斜圆圈形运条；
11. 熟练掌握焊缝的接头和收尾方法；
12. 掌握焊接安全基本知识和防护用品的使用方法；
13. 具备安全、环保、团队协作意识和沟通能力；
14. 养成良好的职业道德和成本意识。

学习内容

1. 识图和查阅资料；
2. 电弧的产生、组成及温度分布；
3. 常用交流、直流弧焊电源种类与型号；
4. 弧焊电源的极性；
5. 焊条的组成及分类；
6. 引弧及运条方法；
7. 焊缝接头和收尾；
8. 作品考核与评价。

建议学时：28 学时

学习情境描述：

平敷焊是焊接专业学生入门的基础学习情境，要求学生具备焊接安全操作知识，懂得安全操作规程，能正确操作焊机和使用防护用品；了解电弧的产生原理、常用弧焊电源的特点、焊条的组成及分类；会应用直击法和划擦法引弧，掌握直线形、锯齿形和月牙形运条法，掌握焊缝的接头和收尾方法，熟练掌握平敷焊操作。此外，需要培养学生养成良好的职业道德，以及在安全、环保、成本、团队协作和沟通等方面的意识。

学习流程与内容：

学习活动 1：工作任务书识读。

学习活动 2：基础理论学习。

学习活动 3：平敷焊操作。

学习活动 4：作品考核与评价。

学习活动1 工作任务书识读

 学习目标

1. 能看懂简单的图纸和技术要求；
2. 能通过网络和相关书籍查阅资料。

学习过程

教师下发表 1-1 所示的工作任务书，学生以小组为单位通过网络和相关书籍查询资料后，确定工作任务方案。

表 1-1　工作任务书

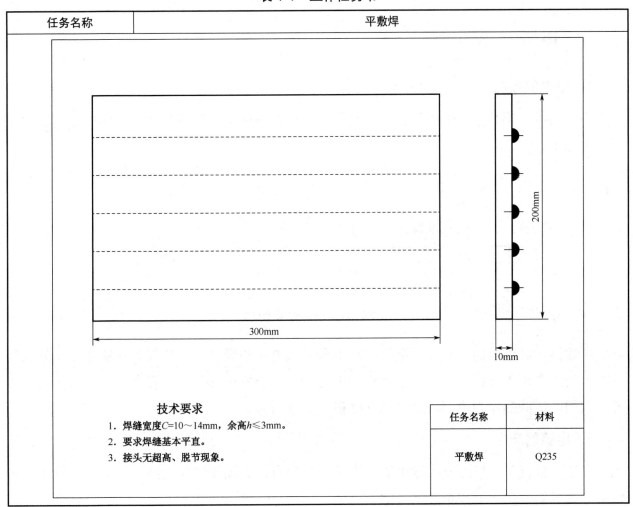

任务名称	平敷焊

技术要求

1. 焊缝宽度C=10～14mm，余高$h \leqslant$3mm。
2. 要求焊缝基本平直。
3. 接头无超高、脱节现象。

任务名称	材料
平敷焊	Q235

学习活动 2　基础理论学习

 学习目标

1. 了解电弧的产生原理和电弧长度与温度的关系；

2．了解弧焊电源的种类及型号；

3．了解常用交流、直流弧焊电源的特点；

4．掌握直流弧焊电源的极性接法；

5．了解焊条的组成及分类。

 学习过程

一、电弧

1．电弧的概念

当焊接时，将焊条与焊件接触后快速拉开，在焊条端部和焊件之间会立即产生明亮的电弧（见图1-1）。

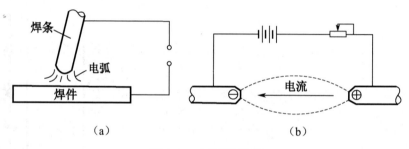

图 1-1　电弧示意图

由焊接电源供给的具有一定电压的两电极间或电极与焊件间，在气体介质中产生的强烈而持久的放电现象，称为电弧。它具有两个特性，即能放出强烈的光和产生大量的热。焊接就是利用产生的热作为热源，来熔化母材和填充金属的。

2．电弧的产生

在通常情况下，气体是不导电的，为了使其导电，必须使气体电离，即必须在气体中形成足够数量的自由电子和正离子。

电弧的引燃过程是在焊条与焊件接触的瞬间，焊条与焊件表面局部突出部位首先接触，在接触区有电流通过，接触区的电流密度增大，产生了很大的电阻热，将接触点熔化，同时受热的阴极发射出大量电子。由阴极发射的电子，在电场的作用下快速向阳极运动，在运动中与中性气体粒子相撞，并使其电离，成为电子和正离子，电子被阳极吸收，而正离子向阴极运动，形成电弧的放电现象。

3．电弧的组成及温度分布

1）电弧的组成

电弧由阴极区、阳极区和弧柱区三部分组成，其构造如图1-2所示。

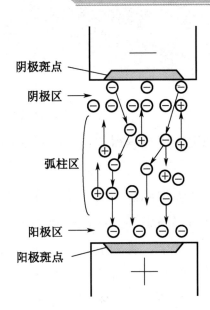

图 1-2　电弧的构造

（1）阴极区。电弧紧靠负电极的区域为阴极区。阴极区很窄，电场强度很大。在阴极区的阴极表面有一个明亮的斑点，称为阴极斑点。阴极斑点是一次电子发射的发源地，电流密度很大，是阴极区温度最高的地方。

（2）阳极区。电弧紧靠正电极的区域为阳极区。阳极区比阴极区宽，在阳极表面也有一个明亮的斑点，称为阳极斑点。阳极斑点是由电子对阳极表面撞击而形成的，是集中接收电子的微小区域。阳极区的电场强度比阴极区小得多。

（3）弧柱区。在阴极区和阳极区之间的区域称为弧柱区。由于阴极区和阳极区的长度极小，故弧柱区的长度就可以认为是电弧的长度。

2）电弧的温度分布

电弧中三个区域的温度是不均匀的，阴极区和阳极区的温度主要取决于电极材料，而且一般阴极区温度低于阳极区温度，且低于材料的沸点。

阴极区温度最高的部分一般可达 2130～3230℃，放出的热量占焊接总热量的 36% 左右。

阳极区温度一般可达 2330～3980℃，放出的热量占焊接总热量的 43% 左右。

弧柱区的中心温度可达 5730～7730℃，放出的热量占焊接总热量的 21% 左右。

不同的焊接方法，其阳极区温度与阴极区温度不相同。

（1）焊条电弧焊。阳极区温度比阴极区温度高一些，这是由于阴极区发射电子要消耗一部分能量。

（2）钨极氩弧焊。阳极区温度比阴极区温度高，这是由于钨极发射电子的能力较强，在较低的温度下就能满足发射电子的要求。

（3）气体保护焊。气体对阴极区有较强的冷却作用，这就要求阴极区具有更高的温度及更强的电子发射能力。由于电流密度较大，故阴极区温度比阳极区温度高。

电弧长度与温度的关系：电弧越长，电弧的温度越高；反之，电弧越短，电弧的温度越低。

二、弧焊电源

1. 对弧焊电源的要求

在焊接过程中，电弧能否稳定燃烧是获得优质焊接接头的主要影响因素之一，对弧焊电源的要求如下。

（1）具有适当的空载电压。在弧焊电源接通电网而焊接回路断开时，弧焊电源输出端的电压称为空载电压。为了保证电弧容易引燃并保证电弧稳定，弧焊电源必须有足够的空载电压。但空载电压过高，则威胁焊工安全，且制造成本增加。因此，我国有关标准中规定：弧焊整流器电源的空载电压一般在 90V 以下；弧焊变压器电源的空载电压一般在 80V 以下。

（2）具有陡降的外特性。在稳定的工作状态下，弧焊电源输出端电压与输出端电流之间的关系称为弧焊电源的外特性。要求弧焊电源具有陡降的外特性，这样，不但能保证电弧稳定燃烧，而且能保证短路时不会因产生过大的短路电流而将焊机烧毁。

（3）具有良好的动特性。在焊接过程中，电弧总在不断地变化。弧焊电源的动特性，是指弧焊电源对电弧这样的动载荷所输出的电流和电压与时间的关系。它用来表示弧焊电源对动载荷瞬变的快速反应能力。弧焊电源的动特性对电弧稳定性、熔滴过渡、飞溅及焊缝成形等都有很大的影响。

（4）具有良好的调节性。在焊接过程中，为适应不同结构、材质、厚度、焊接位置和焊条直径的需要，弧焊电源必须能按要求提供适当的焊接工艺参数。因此，要求弧焊电源在一定电压范围内能均匀、连续、方便地进行调节。

2. 弧焊电源的种类及型号

1）弧焊电源的种类

弧焊电源的种类很多，主要分为以下几种，如图 1-3 所示。

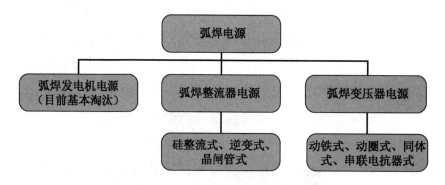

图 1-3　弧焊电源的种类

目前，常用的是弧焊变压器电源（交流）和弧焊整流器电源（直流）两类，其中应用广泛的弧焊电源是逆变式弧焊电源。

2）弧焊电源型号表示举例

（1）弧焊变压器电源。

弧焊变压器电源的型号通常有 BX1 动铁式和 BX2 动圈式两种类型。BX1-500 弧焊变压器电源如图 1-4 所示。

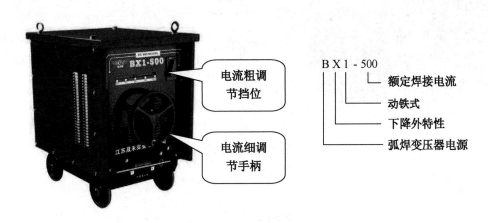

图 1-4   BX1-500 弧焊变压器电源

弧焊变压器电源的特点：电弧稳定性较差，只用于酸性焊条的焊接及不重要的焊接结构。电流调节分为粗调节和细调节，粗调节是变换挡位，细调节是调节手柄。

（2）弧焊整流器电源。

弧焊整流器电源的特点：电源动特性好，电流、电压调节范围大，电弧燃烧稳定，起弧容易，飞溅小、无噪声、质量小、节能，适用于酸、碱性焊条焊接，用于焊接较重要的焊接结构，电流调节较方便。ZX5-400 弧焊整流器电源如图 1-5 所示。

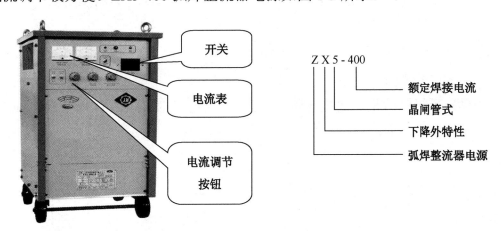

图 1-5   ZX5-400 弧焊整流器电源

（3）逆变式弧焊电源。

逆变式弧焊电源的特点：逆变式弧焊电源是目前的新型电源，具有良好的动特性和焊接工艺性能，高效、节能、体积小、质量小，适用于酸、碱性焊条，用于焊接较重要的焊接结构，电流调节方便、准确。ZX7-400 逆变式弧焊电源如图 1-6 所示。

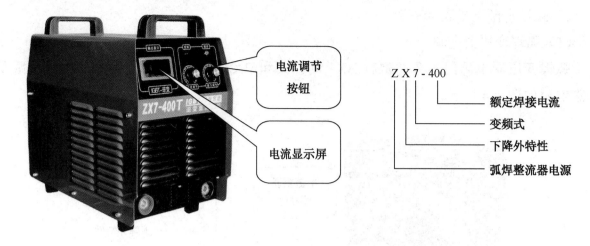

电流调节按钮

电流显示屏

ZX7-400

额定焊接电流
变频式
下降外特性
弧焊整流器电源

图 1-6　ZX7-400 逆变式弧焊电源

3．弧焊电源形式的选择

焊条电弧焊可根据实际情况，选用弧焊变压器电源（交流）或弧焊整流器电源（直流），弧焊变压器电源结构简单、造价低，容易维护、使用可靠、效率高，但电弧稳定性较差，只适用于酸性焊条和不重要的焊接结构。弧焊整流器电源的主要特点是电弧稳定性好，高效、节能，但造价高，它适用于酸、碱性焊条和较重要的焊接结构。

4．弧焊电源的极性

焊接前，应该先根据焊件要求确定焊条型号，再根据焊条型号选用弧焊电源。如果使用酸性焊条，则可选用交流或直流弧焊电源。如果使用碱性焊条，则必须选用直流弧焊电源。直流弧焊电源有正极性和反极性两种。对于交流弧焊电源，由于电源的极性是交变的，故不存在正极性和反极性之分。

（1）正极性。正极性就是焊件接电源的正极，电极（电焊钳）接电源的负极，正极性也称为正接法。正极性如图 1-7 所示。

（2）反极性。反极性就是焊件接电源的负极，电极接电源的正极，反极性也称为反接法。反极性如图 1-8 所示。

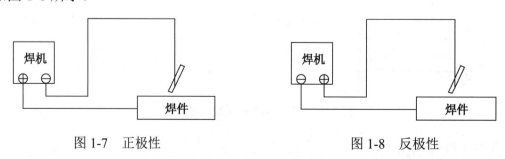

图 1-7　正极性　　　　　　　　　图 1-8　反极性

由前面所讲的电弧构造可知，对于焊条电弧焊，当阳极区和阴极区的材料相同时，阳极区的温度高于阴极区的温度。因此，我们采用直流正极性焊接厚钢板，以获得较大的熔深；采用直流反极性焊接薄钢板，以防止烧穿。

三、焊条组成及分类

1. 焊条组成

焊条由焊芯和药皮两部分组成（见图 1-9），焊条的直径是指焊芯的直径。

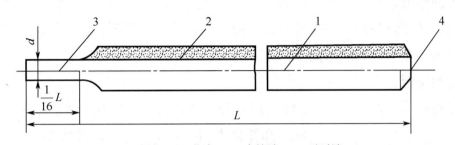

1—焊芯；2—药皮；3—夹持端；4—引弧端

图 1-9 焊条的组成

1）焊芯

焊条中被药皮包覆的金属芯叫作焊芯。焊芯在焊接过程中起两个方面的作用：一方面作为电极，在焊接回路中传导焊接电流，与焊件之间形成电弧；另一方面作为焊接填充材料，在电弧高温作用下，与被加热熔化成液态的母材金属混合在一起，冷却后形成具有一定强度和性能的焊缝。

焊接钢用的焊芯材料有碳素结构钢、合金结构钢和不锈钢三类。焊芯的成分直接影响焊缝的质量。

2）药皮

压涂在焊芯表面的涂料层称为药皮。

（1）药皮的作用。

① 提高焊接电弧的稳定性。当采用没有药皮的焊芯来焊接时，电弧十分不稳定或根本不能引燃电弧。药皮中含有钾和钠等成分的"稳弧剂"，能提高电弧的稳定性，保证焊条容易引弧、稳定燃烧及熄弧后的再引弧。

② 保护熔化金属不受外界影响。当药皮中加入一定量的"造气剂"后，在焊接时便会产生一种保护气体，使熔化金属与外界空气隔离，防止空气侵入。药皮熔化后形成熔渣覆盖在焊缝表面而保护焊缝金属，而且熔渣可以使焊缝金属缓慢地冷却，有利于焊缝中气体的逸出，减少产生气孔的可能性。

③ 过渡合金元素。在焊接过程中，由于空气、药皮、焊芯中的氧和氧化物及氮、氢、硫等杂质的存在，焊缝金属的质量降低。因此，在药皮中需要加入一定量的合金元素进行脱氧，并获得所需的补充元素，以得到满意的力学性能。

④ 改善焊接工艺性能。焊条药皮中含有合适的造渣、稀渣成分，焊接时可获得流动性良好的熔渣，以便得到成形美观的焊缝。此外，药皮的熔化比焊芯稍慢一些，焊接时

形成一个套管，有利于熔滴过渡，减少由飞溅造成的金属损失，并能进行各种空间位置的焊接。

⑤ 提高焊接生产率。在药皮中加入较多的铁粉，使它过渡到焊缝中去，可明显提高熔敷效率，从而提高焊接生产率。

（2）药皮的组成。

药皮的组成按在焊条制造和焊接中的作用不同，分为稳弧剂、造气剂、造渣剂、脱氧剂、合金剂、稀渣剂、黏渣剂和成形剂，共8种。

（3）药皮的类型。

根据药皮材料中主要成分不同，将药皮划分为各种类型，常用的焊条药皮有钛钙型药皮、低氢钠（钾）型药皮、钛铁矿型药皮、高纤维素钠（钾）型药皮、高钛钠（钾）型药皮、氧化铁型药皮、石墨型药皮、盐基型药皮，共8种。其中，最常用的是钛钙型药皮与低氢钠（钾）型药皮。

2. 焊条分类

（1）焊条按用途分为结构钢焊条（碳钢焊条和普通低合金钢焊条）、钼和铬钼耐热钢焊条、低温钢焊条、不锈钢焊条、堆焊焊条、铸铁焊条、镍及镍合金焊条、铜及铜合金焊条、铝及铝合金焊条、特殊用途焊条，共10类。

（2）焊条按药皮熔渣特性分为酸性焊条和碱性焊条。

① 酸性焊条。熔渣以酸性氧化物（SiO_2、TiO_2、Fe_2O_3）为主的焊条称为酸性焊条。酸性焊条具有较强的氧化性，促使合金元素氧化，可防止氢气孔的产生，所以这类焊条对铁锈、水、油污不敏感。

酸性焊条的特点：焊接工艺性能好，容易引弧，电弧稳定，脱渣性好，飞溅小，对弧长不敏感，焊接准备要求低，焊缝成形好，而且价格较低，广泛用于焊接低碳钢和不太重要的焊接结构。

② 碱性焊条。熔渣以碱性氧化物和氟化钙为主的焊条称为碱性焊条。碱性焊条脱氧性能好，合金元素烧损少，焊缝金属合金化效果较好。由于电弧含氧量低，当焊件或焊条中存在铁锈和水时，容易产生氢气孔。因此，要求焊前清理干净焊件，同时在350～450℃温度下对焊条进行烘干。

碱性焊条的特点：焊接工艺性能差，引弧较困难，电弧稳定性差，飞溅较大，焊缝成形稍差。但焊缝金属的力学性能和抗裂性能均较好，可用于焊接合金钢和重要的碳钢结构。

学习活动 3　平敷焊操作

学习目标

1．能正确使用焊接设备及工量具进行操作；
2．能正确使用焊缝测量尺进行焊缝检测；
3．能应用直击法和划擦法引弧；
4．掌握基本操作姿势和焊条角度；
5．能控制电弧长度并使电弧稳定燃烧；
6．能进行直线形、锯齿形、月牙形、圆圈形和斜圆圈形运条；
7．熟练掌握焊缝的接头和收尾方法；
8．掌握焊接安全基本知识和防护用品的使用方法。

学习过程

一、焊前准备

1．设备和材料

设备和材料见表 1-2。

表 1-2　设备和材料

焊机型号	钢板		焊条	
	牌号	规格/mm	型号	规格/mm
ZX7-400 或 BX1-500	Q235	$\delta=8\sim10$	E4303	$\phi3.2$

2．焊条电弧焊常用工具及用品

焊条电弧焊常用工具及用品见表 1-3。

表 1-3　焊条电弧焊常用工具及用品

名称		功能及作用
电焊钳		用于夹持焊条进行焊接的工具。夹持焊条应方便、焊条角度的调节要随意，夹持处导电性要好，手柄要有良好的绝缘和隔热作用，并且要轻巧，易操作

续表

名称		功能及作用
面罩		挡住弧光对眼睛和皮肤的伤害。护目镜片的编号分为 6～12 号，号数越大，色泽越深，一般选用 7～9 号为宜
焊条保温筒		临时存储焊条，避免焊条在潮湿的环境中吸收水分
敲渣锤		用于清除焊渣
角向磨光机		用于焊件打磨坡口、除锈
劳保用品	焊工手套　工作服　绝缘工作鞋　防护眼镜	焊工手套、绝缘工作鞋和工作服是防止弧光、火花灼伤和防止触电所必须穿戴的劳保用品。防护眼镜在焊工清渣时用于遮挡眼睛，以防止熔渣飞溅对眼睛造成损伤

3．焊缝测量尺

1）焊缝测量尺的结构

焊缝测量尺由主尺、高度尺、咬边深度尺和多用尺组成，如图 1-10 所示。

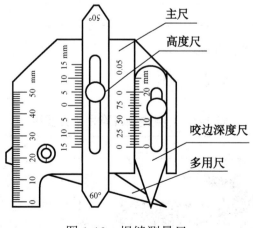

图 1-10　焊缝测量尺

2）焊缝测量尺的功能及使用方法

焊缝测量尺用来测量焊件的坡口角度、装配间隙、错位、角焊缝厚度和焊缝余高。焊缝测量尺的使用方法如图 1-11 所示。

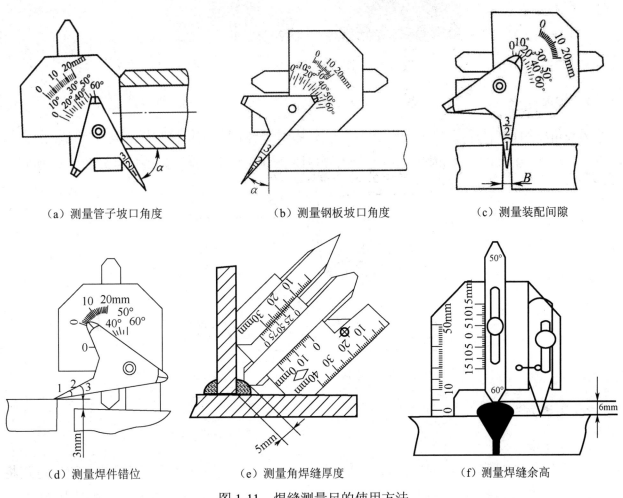

（a）测量管子坡口角度　　　　（b）测量钢板坡口角度　　　　（c）测量装配间隙

（d）测量焊件错位　　　　（e）测量角焊缝厚度　　　　（f）测量焊缝余高

图 1-11　焊缝测量尺的使用方法

二、操作要领

1. 操作姿势

当平敷焊时，一般采用蹲式操作，蹲姿要自然，两脚夹角为 70～85°，两脚跟距离为 240～260mm。持电焊钳的胳膊半伸开，要悬空无依托地操作。

两脚的位置与蹲姿如图 1-12 与图 1-13 所示。

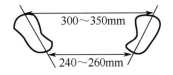

图 1-12　两脚的位置

图 1-13　蹲姿

2．焊条角度

焊条角度的正确与否直接影响焊缝的成形美观。焊条角度是指焊接时焊条与焊接方向所夹的锐角，一般为 70～80°，同时焊条的投影线要与焊缝的中心线重合。焊条角度如图 1-14 所示。

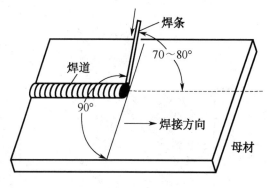

图 1-14　焊条角度

3．引弧方法

1）直击法

直击法：先将焊条前端对准焊件，然后将手腕下压使焊条轻微碰一下焊件，随后迅速将焊条提起 2～3mm 即产生电弧，引弧后手腕放平使弧长不大于焊条直径。直击法如图 1-15（a）所示。

2）划擦法

划擦法：先将焊条前端对准焊件，然后将手腕扭转一下，使焊条在焊件表面上轻微划擦，随后将焊条提起 2～3mm，即可产生电弧。划擦法如图 1-15（b）所示。

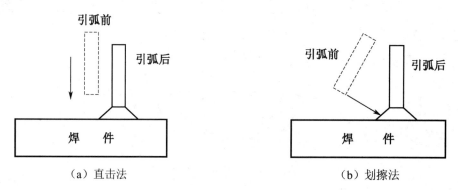

（a）直击法　　　　　　　　　　　　　（b）划擦法

图 1-15　引弧方法

4．运条动作

运条一般分三个基本动作：沿焊条中心线向熔池送进、沿焊接方向移动、横向摆动，如图 1-16 所示。

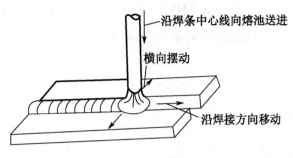

沿焊条中心线向熔池送进

横向摆动

沿焊接方向移动

图 1-16　运条动作

（1）沿焊条中心线向熔池送进：既为了向熔池中添加填充金属，又为了焊条熔化后继续保持一定的弧长，因此，焊条的送进速度要与熔化速度相同，否则会发生断弧或焊条黏在焊件上的现象，电弧长度通常为 2～4mm。

（2）沿焊接方向移动：目的是控制焊缝成形，若焊条移动速度太慢，则焊缝会过高、过宽、外形不整齐，甚至会烧穿；若速度太快，则焊条和焊件熔化不均，造成焊缝较窄，甚至发生未焊透等缺陷。焊条沿焊接方向移动的速度由焊接电流、焊条直径来决定。

（3）横向摆动：这样做是为了获得一定宽度的焊缝，摆动范围根据坡口形式、焊件厚度、焊道层次和焊条直径来决定。

上述三个动作应相互协调，运条的关键是平稳、均匀。

5．运条方法

在焊接生产过程中，根据不同的焊缝位置、焊件厚度、接头形式等因素，有许多运条方法。常用的运条方法如图 1-17 所示。

1）直线形运条法

当采用直线形运条法焊接时，焊条不进行横向摆动，仅沿焊接方向进行直线移动。这种运条方法常用于不开坡口的对接平敷焊、多层多道焊。直线形运条法如图 1-17（a）所示。

2）锯齿形运条法

当采用锯齿形运条法焊接时，焊条进行锯齿形连续摆动且向前移动，并在两边稍做停留。这种运条方法在生产中应用较广，多用于厚板的焊接。锯齿形运条法如图 1-17（b）所示。

3）月牙形运条法

当采用月牙形运条法焊接时，焊条沿焊接方向进行月牙形的左右摆动。月牙形运条法的适用范围和锯齿形运条法基本相同，不过用它焊出来的焊缝余高较高。月牙形运条法如图 1-17（c）所示。

4）圆圈形运条法

圆圈形运条法只适用于焊接厚板的平焊缝。圆圈形运条法如图 1-17（d）所示。

5）斜圆圈形运条法

斜圆圈形运条法适用于焊接平焊、仰焊位置的角焊缝和有坡口的横焊缝，可借助焊条的摆动来控制熔化金属的下坠。斜圆圈形运条法如图 1-17（e）所示。

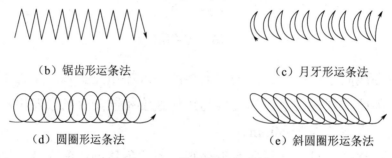

（a）直线形运条法

（b）锯齿形运条法　　　　　　　　　　（c）月牙形运条法

（d）圆圈形运条法　　　　　　　　　　（e）斜圆圈形运条法

图 1-17　常用的运条方法

6．焊接操作

当平敷焊时，为了保证焊接质量，选择焊接电流为 120～130A。

（1）起焊。起焊是指刚开始焊接的那部分焊缝。通常起焊处焊缝较高，质量难以保证，为了消除缺陷，引弧后先将电弧拉长对起焊处预热 1～2 秒，然后压短电弧回焊，这样就可避免起焊处的不良现象。

（2）焊缝接头。一条完整的焊缝是由若干根焊条焊接而成的，每根焊条焊接的焊道都应有完好的连接。

先在先焊焊道弧坑稍前处（约 5mm）引弧，然后拉长电弧至原弧坑的 2/3 处预热后，马上压短电弧进入正常焊接过程。如果电弧后移太多，则可能造成接头过高；如果电弧后移太少，则将造成接头脱节，产生弧坑未填满的缺陷。焊缝接头示意图如图 1-18 所示。

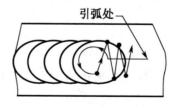

引弧处

图 1-18　焊缝接头示意图

（3）收尾。收尾方法一般有划圈收尾法、反复断弧收尾法和回焊收尾法三种。

① 划圈收尾法。当焊条移至焊道终点时，做圆圈运动，直到填满弧坑再拉断电弧，如图 1-19 所示。此法适于厚板焊接。

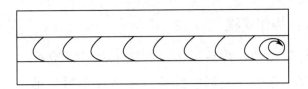

图 1-19　划圈收尾法

② 反复断弧收尾法。当焊条移至焊道终点时，在弧坑上需要进行数次熄弧—引弧，直到填满弧坑为止，如图 1-20 所示。此法适于薄板焊接，但不适于碱性焊条收尾。

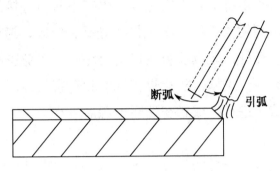

图 1-20　反复断弧收尾法

③ 回焊收尾法。当焊至结尾处时，不马上熄弧，而是按照原来的方向，回焊一小段（约 5mm）的距离，待填满弧坑后，慢慢拉断电弧，如图 1-21 所示。碱性焊条收尾常用此法。

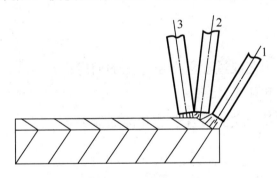

图 1-21　回焊收尾法

 **安全提示**

1．正确穿戴劳保用品

（1）当进行焊接操作时，工作服的衣领和袖口应扣好，上衣应罩在裤子外边。工作服不应有破损、孔洞和间隙。在焊接时，不允许穿有油脂或潮湿的工作服。

（2）焊工手套和绝缘工作鞋应干燥，无破损。

（3）为防止电弧辐射引起电光性眼炎，操作时应注意个人防护。正确选择护目镜片的编号。

（4）每次使用面罩时，应检查遮挡眼睛是否严密，避免漏光现象。

2．严格执行焊接安全操作规程

（1）焊接前，应对焊接场地、焊接设备、焊接工具进行检查。

（2）焊接场地的设备、工具、材料必须排列整齐，不得乱堆、乱放。焊接电缆线不允许互相缠绕。如果焊接电缆线发生缠绕，则必须分开。

（3）焊接场地周围 10m 范围内不允许存放易燃、易爆物品。在未彻底清理或未采取有效防护措施前，不能进行焊接作业。

（4）焊机接线和移动必须由持证电工来完成，焊工不得自行接线和安装。

（5）焊接前，应检查电焊钳与焊接电缆线接头处是否牢固，避免接触不良造成电焊钳发热、变烫，影响焊工操作。此外，还应检查钳口是否完好，以免影响焊条的夹持。

（6）焊接场地应有通风除尘设施，防止焊接烟尘和有害气体对焊工造成危害。

（7）调节电流应在空载下进行，或者在切断电源后进行。

学习活动 4　作品考核与评价

学习目标

1．能讲述焊件的制作工艺或过程，指出存在的问题；
2．能客观地评价自己和他人；
3．具有团队合作精神及一定的语言表达和沟通能力。

学习过程

【评价与分析】

本学习情境学习结束后，需要考核与评价。

每个学生首先介绍自己焊件的制作工艺或过程，然后进行表 1-4 中的自我评价，最后教师进行评价和焊件检测。平敷焊作品考核评价表见表 1-5。总成绩表见表 1-6。

表 1-4　工作任务过程评价表

班级_____　学生姓名_____　组名_____　学号_____

项目	自我评价/分			小组评价/分			教师评价/分		
	10～9	8～6	5～1	10～9	8～6	5～1	10～9	8～6	5～1
	占总评 10%			占总评 30%			占总评 60%		
劳保着装									

续表

项目	自我评价/分			小组评价/分			教师评价/分		
	10～9	8～6	5～1	10～9	8～6	5～1	10～9	8～6	5～1
	占总评 10%			占总评 30%			占总评 60%		
安全文明									
纪律观念									
工作态度									
时间及效率观念									
学习主动性									
团队协作精神									
设备规范操作									
成本和环保意识									
实训周记写作能力									
小计/分									
总评/分									

任课教师：　　　　　　　年　　月　　日

表 1-5　平敷焊作品考核评价表

考核内容：① 材料为 Q235，δ=8～10mm；② 焊缝长度为 300mm；③ 核定时间为 15 分钟

外观考核配分及评分标准　　评卷人＿＿＿＿＿＿　　姓名＿＿＿＿＿＿　　总分＿＿＿＿＿＿

序号	检测项目	配分/分	考核技术要求	实测记录	扣分/分	得分/分
1	长度	4	长 280～300mm，每短 5mm 扣 1 分			
2	宽度	8	宽 12～16mm，每超 0.5mm 扣 1 分			
3	宽度差	10	每 1mm 扣 1 分			
4	余高	8	高 1～3mm，每超 0.5mm 扣 1 分			
5	余高差	10	每 1mm 扣 1 分			
6	起焊熔合状况	6	要求起焊饱满、熔合良好，熔合不良扣 3 分			
7	弧坑	6	未填满扣 3 分			
8	夹渣	8	无夹渣。如有，每处≤2mm 扣 2 分，>2mm 扣 4 分			
9	未熔合	8	每 5mm 长扣 2 分			
10	咬边	10	深度<0.5mm，每 5mm 扣 1 分；深度≥0.5mm，0 分			
11	焊缝成形	12	要求波纹细、均、光滑，视情况扣分			
12	电弧擦伤	4	每处电弧擦伤扣 1 分			
13	飞溅	2	未清理干净扣 2 分			
14	安全文明生产	4	服从劳动管理、穿戴好劳保用品，按规定安全技术要求操作			

表 1-6　总成绩表

类别	单项成绩/分	权重比例	小计/分
工作任务过程评价		10%	
网络线上学习		30%	
作品考核评价		60%	
总分/分			

立 敷 焊

立敷焊是指在垂直放置的钢板表面上堆敷一层焊道。立敷焊要求焊工有一定的平敷焊基础，也是焊工的入门项目，该项目主要训练焊工的基本功，为后续的板对接立焊打下基础。

学习目标

1. 能读懂工作任务书和查阅相关资料；
2. 掌握焊条型号与牌号的编制原则，并能正确选用焊条；
3. 了解焊条的分类组成及工艺性能；
4. 掌握焊条的选用原则；
5. 能正确掌握焊接姿势和焊条角度；
6. 能控制电弧长度和焊接速度，以便控制熔池的温度；
7. 能正确进行锯齿形运条；
8. 具备安全、环保、团队协作意识和沟通能力；
9. 养成良好的职业道德和成本意识。

学习内容

1. 识图和查阅资料；
2. 焊条型号与牌号的编制原则及焊条的选用；
3. 焊条的分类、选用原则及工艺性能；
4. 立敷焊操作；
5. 作品考核与评价。

建议学时：28 学时

学习情境描述：

立敷焊要求学生具有一定的平敷焊基础，懂得常用运条方法，能合理选择焊接工艺参数，控制熔池的温度，防止夹渣和咬边。通过该项目的学习，学生可以为板对接立焊打下坚实的基础。在此项目中，应培养学生养成良好的职业道德，以及在安全、环保、成本、团队协作和沟通等方面的意识。

学习流程与内容：

学习活动 1：工作任务书识读。

学习活动 2：基础理论学习。

学习活动 3：立敷焊操作。

学习活动 4：作品考核与评价。

学习活动 1　工作任务书识读

学习目标

1. 能看懂简单的图纸和技术要求；
2. 能通过网络和相关书籍查阅资料。

学习过程

教师下发表 2-1 所示的工作任务书，学生以小组为单位通过网络和相关书籍查阅资料后，确定工作任务方案。

表 2-1　工作任务书

任务名称	立敷焊

技术要求
1. 焊缝宽度 $C=16\sim18$mm，余高 $h\leqslant3$mm。
2. 焊缝光滑、基本平直、无咬边。
3. 接头无夹渣、超高、脱节。

焊件名称	材料
立敷焊	Q235

学习活动 2　基础理论学习

学习目标

1. 掌握焊条型号与牌号的编制原则，并能正确选用焊条；
2. 了解焊条的分类组成及工艺性能；
3. 掌握焊条的选用原则。

学习过程

一、焊条的型号与牌号

型号与牌号都是焊条的代号，它们之间既有区别又有联系。

1. 焊条型号

焊条型号是指符合国家标准的一种代号。焊条型号所规定的焊条质量标准，是焊条生产、使用、管理及研究等有关单位必须遵照执行的。碳钢焊条型号是根据焊缝金属的抗拉强度、药皮类型、焊接位置和电流类型来划分的。

1）非合金钢及细晶粒钢焊条

《非合金钢及细晶粒钢焊条》（GB/T5117—2012）规定，非合金钢及细晶粒钢焊条型号编制如下。

（1）第一部分用字母"E"表示焊条。

（2）第二部分为字母"E"后面紧邻的两位数字，表示焊缝金属的抗拉强度代号（其最小抗拉强度的 1/10），见表 2-2。

表 2-2　非合金钢及细晶粒钢的焊缝金属抗拉强度代号

抗拉强度代号	最小抗拉强度/MPa	抗拉强度代号	最小抗拉强度/MPa
43	430	55	550
49	490	57	570

（3）第三部分为字母"E"后面的第三位、第四位数字，表示药皮类型、焊接位置和电流类型，见表 2-3。

表 2-3　非合金钢及细晶粒钢焊条型号的第三部分

代号	药皮类型	焊接位置	电流类型
03	钛型	全位置	交流和直流正、反接
10	纤维素型	全位置	直流反接
11	纤维素型	全位置	交流和直流反接
12	金红石型	全位置	交流和直流正接
13	金红石型	全位置	交流和直流正、反接
14	金红石+铁粉型	全位置	交流和直流正、反接
15	碱性	全位置	直流反接
16	碱性	全位置	交流和直流反接

（4）第四部分为焊缝金属的化学成分分类代号，可为"无标记"或短线"-"后的字母、数字或字母和数字的组合。

例：E4315。

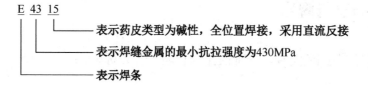

E 43 15
├── 表示药皮类型为碱性，全位置焊接，采用直流反接
├── 表示焊缝金属的最小抗拉强度为430MPa
└── 表示焊条

2）不锈钢焊条

《不锈钢焊条》（GB/T983—2012）规定，不锈钢焊条型号由以下部分组成。

（1）第一部分用字母"E"表示焊条。

（2）第二部分为"E"后面的数字，表示焊缝金属的化学成分分类（具体可见有关标准），数字后面的"L"表示碳含量低，"H"表示碳含量高。如果有其他特殊要求的化学成分，则该化学成分用元素符号表示，放在第二部分的后面。

（3）第三部分为短线"-"后的第一位数字，表示焊接位置。

（4）第四部分为最后一位数字，表示药皮类型和电流类型。

例：E308-16。

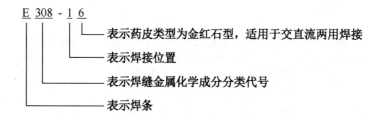

E 308 - 1 6
├── 表示药皮类型为金红石型，适用于交直流两用焊接
├── 表示焊接位置
├── 表示焊缝金属化学成分分类代号
└── 表示焊条

2. 焊条牌号

焊条牌号是焊条生产厂家所制定的代号。我国焊条生产厂家实行统一牌号制度，《焊接材料产品样本》中规定了焊条牌号编制方法和各牌号焊条的特点、用途、重要的使用性能及使

用注意事项。

在《焊接材料产品样本》中，规定焊条牌号由代表焊条用途的字母和三位数字组成。焊条牌号代表字母见表2-4。

以下分别介绍结构钢焊条、不锈钢焊条、钼和铬钼耐热钢焊条、低温钢焊条四种焊条的牌号。

1）结构钢焊条

结构钢焊条牌号：J表示结构钢焊条；第一位和第二位数字表示焊缝金属抗拉强度等级，见表2-5；第三位数字表示药皮类型和电流类型，见表2-6；牌号后缀字母表示起主要作用的元素及用途，见表2-7。

表2-4 焊条牌号代表字母

焊条类别		代表字母	焊条类别	代表字母
结构钢焊条	碳钢焊条	J（结）	低温钢焊条	W（温）
	低合金钢焊条		铸铁焊条	Z（铸）
钼和铬钼耐热钢焊条		R（热）	镍及镍合金焊条	Ni（镍）
不锈钢焊条	铬不锈钢焊条	G（铬）	铜及铜合金焊条	T（铜）
	奥氏体铬镍不锈钢焊条	A（奥）	铝及铝合金焊条	L（铝）
堆焊焊条		D（堆）	特殊用途焊条	TS（特殊）

表2-5 焊缝金属抗拉强度等级

类别	标准	焊缝金属抗拉强度等级（MPa）
国家标准	GB/T 5117—2012	430
	GB/T 5118—2012	490、540、590、690、740、830
《焊接材料产品样本》	结构钢焊条	420、490、540、590、690、740、790、830、980

表2-6 焊条牌号第三位数字的含义

焊条牌号	药皮类型	电流类型	焊条牌号	药皮类型	电流类型
××0	不属已规定类型	不规定	××5	纤维素型	交直流
××1	氧化钛型	交直流	××6	低氢钾型	交直流
××2	钛钙型	交直流	××7	低氢钠型	直流
××3	钛铁矿型	交直流	××8	石墨型	交直流
××4	氧化铁型	交直流	××9	盐基型	直流

表2-7 焊条牌号后缀字母的含义

字母	含义	字母	含义
G	高韧性	LMA	低吸潮
X	向下立焊	G	具有较高的低温冲击韧性
GM	盖面	RH	高韧性、超低氢
Z	重力	R	压力容器用

字母	含义	字母	含义
D	底层焊	GH	具有较高的低温冲击韧性、低氢
H	超低氢	XG	管子用向下立焊
DF	低尘	GR	高韧性压力容器用

例：J422。

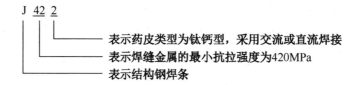

表示药皮类型为钛钙型，采用交流或直流焊接
表示焊缝金属的最小抗拉强度为420MPa
表示结构钢焊条

2）不锈钢焊条

不锈钢焊条牌号：G 表示铬不锈钢焊条或 A 表示奥氏体铬镍不锈钢焊条；第一位数字表示焊缝金属主要化学成分组成等级，见表2-8；第二位数字表示同一焊缝金属主要化学成分组成等级中的不同牌号顺序；第三位数字表示药皮类型和电流类型，见表2-6。

表2-8 不锈钢焊条牌号第一位数字的含义

牌号	焊缝金属主要化学成分组成等级	牌号	焊缝金属主要化学成分组成等级
G2××	含铬量约为13%	A4××	含铬量约为25%，含镍量约20%
G3××	含铬量约为17%	A5××	含铬量约为16%，含镍量约25%
A0××	含碳量<0.04%（超低碳）	A6××	含铬量约为15%，含镍量约35%
A1××	含铬量约为18%，含镍量约8%	A7××	铬锰氮不锈钢
A2××	含铬量约为18%，含镍量约12%	A8××	含铬量约为18%，含镍量约18%
A3××	含铬量约为25%，含镍量约13%	A9××	待发展

例如，A132 表示焊缝金属含铬量约为18%、含镍量约为8%、牌号顺序为3、钛钙型药皮、交直流两用的奥氏体铬镍不锈钢焊条。

3）钼和铬钼耐热钢焊条

钼和铬钼耐热钢焊条牌号：R 表示钼和铬钼耐热钢焊条；第一位数字表示焊缝金属主要化学成分组成等级，见表2-9；第二位数字表示同一焊缝金属主要化学成分组成等级中的不同牌号顺序；第三位数字表示药皮类型和电流类型，见表2-6。例如，R307。

表2-9 钼和铬钼耐热钢焊条牌号第一位数字的含义

牌号	焊缝金属主要化学成分组成等级	牌号	焊缝金属主要化学成分组成等级
R1××	含钼量约0.5%	R5××	含铬量约为5%，含钼量约为0.5%
R2××	含铬量约为0.5%，含钼量约0.5%	R6××	含铬量约为7%，含钼量约1%
R3××	含铬量约为1%~2%，含钼量约0.5%~1%	R7××	含铬量约为9%，含钼量约1%
R4××	含铬量约2.5%，含钼量约1%	R8××	含铬量约为11%，含钼量约1%

4）低温钢焊条

低温钢焊条牌号：W 表示低温钢焊条；第一位和第二位数字表示低温钢焊条工作温度等级，见表 2-10；第三位数字表示药皮类型和电流类型，见表 2-6。例如，W707。

表 2-10　低温钢焊条牌号第一位和第二位数字的含义

牌号	工作温度等级/℃	牌号	工作温度等级/℃
W70×	-70	W19×	-196
W90×	-90	W25×	-253
W10×	-100		

二、焊条的工艺性能

焊条的工艺性能是指焊条操作时的性能，包括电弧的稳定性、焊缝成形性、对各种位置焊接的适应性、脱渣性、飞溅、焊条熔化速度、药皮发红程度及焊接发尘量等。

1．电弧的稳定性

电弧的稳定性就是保持电弧持续而稳定燃烧的能力。电弧的稳定性与很多因素有关，焊条药皮的组成是其中的主要因素。焊条药皮的组成决定了电弧气氛的有效电离电压，有效电离电压越低，电弧燃烧越稳定。焊条药皮中加入少量的低电离电位物质，即可有效地提高电弧稳定性。酸性焊条药皮中的成形剂与造渣剂中都含有钾、钠等低电离电位物质，因而用交、直流电源焊接时电弧都能稳定燃烧。在低氢钠型焊条药皮中含有较多的萤石，萤石使电弧稳定性降低，所以必须采用直流电源。

2．焊缝成形性

良好的焊缝成形，应该是表面波纹细致、美观、几何形状正确，焊缝余高量适中，焊缝与母材间过渡平滑、无咬边缺陷。焊缝成形性与熔渣的物理性能有关。熔渣的熔点和黏度太高或太低，都会使焊缝成形变差。熔渣的表面张力对焊缝成形也有影响，熔渣的表面张力越小，对焊缝覆盖就越好。

3．对各种位置焊接的适应性

实际生产中常需要进行平焊、横焊、立焊和仰焊等各种位置的焊接。几乎所有的焊条都能适用于平焊，但很多焊条进行横焊、立焊和仰焊有困难。进行横焊、立焊、仰焊的主要困难是重力的作用使熔池液体金属和熔渣下流，并妨碍熔滴过渡而不易形成正常的焊缝。为了解决上述困难，除正确选择焊接工艺参数、掌握操作要领外，还应从焊条药皮配方上采取一定的措施。首先是适当提高电弧气流的吹力，把熔滴推进熔池，并阻止液体金属和熔渣下流；其次是熔渣应具有合适的熔点和黏度，使之能在较高的温度下和较短的时间内凝固；最后是熔渣应具有适当的表面张力，阻止熔渣下流。

4．脱渣性

脱渣性是指熔渣从焊缝表面脱落的难易程度。脱渣性差会显著降低生产率，尤其是多层焊时；另外，还易造成夹渣等缺陷。影响脱渣性的因素有熔渣的膨胀系数、氧化性、疏松性和表面张力等，其中熔渣的膨胀系数是影响脱渣性的主要因素。焊缝金属与熔渣的膨胀系数之差越大，脱渣越容易。

5. 飞溅

飞溅是指在熔焊过程中液态金属颗粒向周围飞散的现象。飞溅太多会影响焊接过程的稳定性，增加金属的损失等。

影响飞溅多少的因素很多，熔渣黏度过大、焊接电流过大、药皮水分过多、电弧过长、焊条偏心等都能引起飞溅的增加。钛钙型焊条电弧燃烧稳定，熔滴以细颗粒过渡为主，飞溅较少。低氢型焊条电弧稳定性差，熔滴以大颗粒短路过渡为主，飞溅较多。

6. 焊条熔化速度

影响焊条熔化速度的因素主要有焊条药皮的组成及厚度、电弧电压、焊接电流、焊芯成分及直径等。其中，焊条药皮的组成对焊条熔化速度的影响最明显。

7. 药皮发红程度

药皮发红是指焊条焊到后半段时，焊条药皮温升过高而导致发红、开裂或脱落的现象。它将使药皮失去保护作用，引起焊条工艺性能恶化，严重影响焊接质量。

8. 焊接发尘量

在电弧高温作用下，焊条端部、熔滴和熔池表面的液体金属及熔渣被激烈蒸发，产生的蒸气排出电弧区外即迅速被氧化或冷却，变成细小颗粒漂浮于空气中，从而形成焊接烟尘。

三、焊条的选用

焊条的种类很多，应用范围各有不同，选用焊条一般应考虑以下原则。

1. 考虑母材的力学性能和化学成分

（1）对于普通结构钢，通常要求焊缝金属与母材的强度，应选用强度等于或稍高于母材的焊条。

（2）对于合金钢，通常要求焊缝金属的主要合金成分与母材金属相同或相近。

（3）在被焊结构刚性大、接头应力高、焊缝容易产生裂纹的情况下，可以考虑选用比母材强度低一级的焊条。

（4）当母材中碳及硫、磷等元素含量偏高时，焊缝容易产生裂纹，应选用抗裂性能好的低氢型焊条。

2. 考虑焊条的工作条件和使用性能

（1）对承受动载荷或冲击载荷的情况，除满足强度要求外，还要保证焊缝具有较高的韧性和塑性，应选用韧性和塑性指标较高的低氢型焊条。

（2）对接触腐蚀介质的焊件，应根据介质的性质及腐蚀特征，选用相应的不锈钢焊条或其他耐腐蚀焊条。

（3）在高温或低温条件下工作的焊件，应选用相应的耐热钢或低温钢焊条。

3．考虑焊件的结构特点和受力状态

（1）对结构形状复杂、刚性大及大厚度焊件，因为其在焊接过程中会产生很大的应力，容易使焊缝产生裂纹，所以应选用抗裂性能好的低氢型焊条。

（2）对焊接部位难以清理干净的焊件，应选用氧化性强，对铁锈、氧化膜、油污不敏感的酸性焊条。

（3）对受条件限制不能翻转的焊件，有些焊缝处于非平焊位置，应选用全位置焊接的焊条。

4．考虑施工条件及设备

（1）在没有直流电源，而焊接结构要求必须使用低氢型焊条的场合，应选用交、直流两用低氢型焊条。

（2）在狭小或通风条件差的场合，应选择酸性焊条或低尘焊条。

5．考虑操作工艺性能和经济效益

（1）在满足产品性能要求的条件下，尽量选用电弧稳定、飞溅少、焊缝成形均匀整齐、容易脱渣的工艺性能好的酸性焊条。

（2）在满足使用性能和操作工艺性能的条件下，尽量选用成本低、效率高的焊条。

常用钢号推荐选用的焊条见表 2-11。

表 2-11　常用钢号推荐选用的焊条

钢号	焊条型号	对应牌号	钢号	焊条型号	对应牌号
Q235AF Q235A、10、20	E4303	J422	12Cr1MoV	E5515-B2-V	R317
20R、20HP、20g	E4316	J426	12Cr2Mo 12Cr1Mo1 12Cr1Mo1R	E6015-B3	R407
	E4315	J427			
25	E4303	J422			
	E5003	J502			
Q295（09Mn2V、09Mn2VD、09Mn2VDR）	E5515-C1	W707Ni	1Cr5Mo	E1-5MoV-15	R507
Q345（16Mn、16MnR、16MnRE）	E5003	J502	1Cr18Ni9Ti	E308-16	A102
	E5016	J506		E308-15	A107
	E5015	J507		E347-16	A132
Q390（16MnD、16MnDR）	E5016-G	J506RH		E347-15	A137
	E5015-G	J507RH	0Cr18Ni9	E308-16	A102
Q390（15MnVR、15MnVRE）	E5016	J506		E308-15	A107
	E5515	J507	0Cr18Ni9Ti	E347-16	A132
	E5515-G	J557	0Cr18Ni11Ti	E347-15	A137

续表

钢号	焊条型号	对应牌号	钢号	焊条型号	对应牌号
20MnMo	E5015	J507	00Cr18Ni10	E308L-16	A002
	E5515-G	J557	00Cr19Ni11		
15MnVNR	E6016-D1	J606	0Cr17Ni12Mo2	E316-16	A202
	E6015-D1	J607		E316-15	A207
12CrMo	E5515-B1	R207	0Cr13	E410-16	G202
15CrMo	E5515-B2	R307		E410-15	G207
15CrMoR					

四、焊条的存放与使用前的烘干

1．焊条的存放

（1）不同种类的焊条必须分类、分牌号存放，避免混乱。

（2）焊条应存放在干燥且通风良好的仓库内，室内温度不应低于18℃，相对湿度小于50%。

（3）在存放各种焊条时，必须离地面和墙壁300mm以上，防止焊条受潮变质。

2．焊条的烘干

焊条使用前一般应按说明书规定的烘干温度进行烘干。焊条烘干的目的是去除受潮涂层中的水分，以便减少熔池及焊缝中的氢，防止产生气孔和冷裂纹。

焊条烘干条件见表2-12。

表2-12　焊条烘干条件

焊条类型	烘干温度/℃	烘干时间/h	烘干后允许在空气中放置的时间/h	重复烘干最多次数/次
酸性焊条	75～150	1～2	6～8	3
碱性焊条	350～400	1～2	3～4	3

学习活动 3　立敷焊操作

学习目标

1．能正确掌握焊接姿势和焊条角度；

2．能控制电弧长度和焊接速度，以控制熔池的温度；

3．能正确进行锯齿形运条。

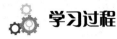 学习过程

一、焊前准备

设备、材料和工量具见表2-13。

表 2-13 设备、材料和工量具

焊机型号	钢板		焊条		工量具
ZX7-400	牌号	规格/mm	型号	规格/mm	面罩、手套、敲渣锤、
BX1-500	Q235	$\delta=10$	E4303	$\phi3.2$	焊缝测量尺

二、立敷焊的概念和特点

立敷焊是在垂直放置的钢板上，自下而上堆敷一层焊道的一种操作方法。

当立敷焊时，在重力作用下，焊条熔化所形成的熔滴及熔池中的液态金属容易下流，甚至会产生焊瘤及在焊缝两侧形成咬边，造成焊缝成形困难。

三、操作要领

1．操作姿势

1）站位及电焊钳握法

立敷焊时采用合理的站位及电焊钳握法能避免焊接过程中产生一系列的缺陷。根据现场实际情况，常用的站位有侧身位和正对位，电焊钳握法有正握法和反握法两种。一般情况下的操作均采用正握法握电焊钳，当焊接部位距地面较近或有障碍物使电焊钳难以摆动时，采用反握法。站位及电焊钳握法如图2-1所示。

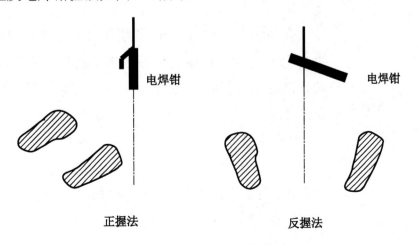

图 2-1 站位及电焊钳握法

2）焊条角度

在进行立敷焊操作时，焊条角度直接影响焊缝质量。焊条角度如图2-2所示。

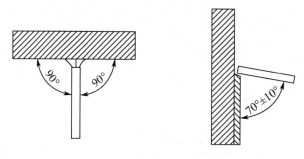

图2-2　焊条角度

2．焊接操作

1）起焊

起焊的焊接电流选择90～95A。首先在待焊处引燃电弧，然后拉长电弧预热2～3秒，使起焊处钢板冒出汗珠后，迅速压短电弧，摆动焊条形成一个完整的熔池。

2）正常焊接

待熔池形成后，采用锯齿形或月牙形运条法摆动焊条，采用短弧操作（所谓短弧，就是电弧长度不超过焊条的直径值），焊条摆动时要在焊缝两侧稍做停留，防止产生咬边现象。在焊接过程中要特别注意熔池的形状，当发现椭圆形熔池的下部边缘由比较平直的轮廓逐渐鼓肚变圆时，表示温度已稍高或过高（见图2-3），这时应加快焊接速度或立即灭弧，让熔池降温，避免产生焊瘤，待熔池瞬时冷却后，再继续焊接。

温度正常　　温度稍高　　温度过高

图2-3　熔池形状变化

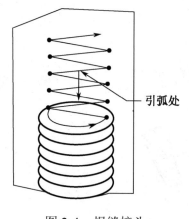

图2-4　焊缝接头

3）焊缝接头

在弧坑上方约10mm处引弧，随后拉长电弧对接头处预热1～2秒后边摆动焊条边压短电弧，此时焊条摆动频率不能太高，防止产生夹渣和脱节，然后进入正常焊接过程。焊缝接头如图2-4所示。

4）收尾

当焊接到钢板末端时，熔池温度较高，此时要严格控制熔池的温度，可适当加快焊接速度，收尾时采用反复断弧收尾法操作。

3. 注意事项

在操作过程中，应始终采用短弧操作，严格控制电弧长度和焊接速度，保持正确的焊条角度。在进行焊缝接头时，焊条摆动频率不能太高，焊接速度不能太快。焊条摆动时要在焊缝两侧稍做停留，防止产生咬边现象。

安全提示

1. 穿戴好劳保用品。
2. 钢板要夹紧、放置牢固。
3. 敲焊渣时要用面罩盖住焊缝，防止焊渣溅入眼睛。

学习活动 4　作品考核与评价

学习目标

1. 能讲述焊件的制作工艺或过程，指出存在的问题；
2. 能客观地评价自己和他人；
3. 具有团队合作精神及一定的语言表达和沟通能力。

学习过程

【评价与分析】

本学习情境学习结束后，需要考核与评价。

每个学生首先介绍自己焊件的制作工艺或过程，然后进行表 2-14 中的自我评价，最后教师进行评价和焊件检测。立敷焊作品考核评价表见表 2-15。总成绩表见表 2-16。

表 2-14　工作任务过程评价表

班级＿＿＿＿＿＿　学生姓名＿＿＿＿＿＿　组名＿＿＿＿＿＿　学号＿＿＿＿＿＿

项目	自我评价/分			小组评价/分			教师评价/分		
	10～9	8～6	5～1	10～9	8～6	5～1	10～9	8～6	5～1
	占总评10%			占总评30%			占总评60%		
劳保着装									
安全文明									

项目	自我评价/分			小组评价/分			教师评价/分		
	10～9	8～6	5～1	10～9	8～6	5～1	10～9	8～6	5～1
	占总评10%			占总评30%			占总评60%		
纪律观念									
工作态度									
时间及效率观念									
学习主动性									
团队协作精神									
设备规范操作									
成本和环保意识									
实训周记写作能力									
小计/分									
总评/分									

任课教师：　　　　　　　年　　月　　日

表2-15　立敷焊作品考核评价表

考核内容：① 材料为Q235，δ=10mm；② 焊缝长度为300mm；③ 核定时间为15分钟

外观考核配分及评分标准　　　　评卷人_____　　姓名_____　　总分_____

序号	检测项目	配分/分	考核技术要求	实测记录	扣分/分	得分/分
1	长度	4	长280～300mm，每短5mm扣1分			
2	宽度	8	宽14～18mm，每超0.5mm扣1分			
3	宽度差	10	每1mm扣1分			
4	余高	8	高1～3mm，每超0.5mm扣1分			
5	余高差	10	每1mm扣1分			
6	起焊熔合状况	6	要求起焊饱满、熔合良好，熔合不良扣3分			
7	弧坑	6	未填满扣3分			
8	夹渣	8	无夹渣。如有，每处≤2mm扣2分，>2mm扣4分			
9	未熔合	8	每5mm长扣2分			
10	咬边	10	深度<0.5mm，每5mm扣1分；深度≥0.5mm，0分			
11	焊缝成形	12	要求波纹细、均、光滑，视情况扣分			
12	电弧擦伤	4	每处电弧擦伤扣1分			
13	飞溅	2	未清理干净扣2分			
14	安全文明生产	4	服从劳动管理、穿戴好劳保用品，按规定安全技术要求操作			

表 2-16　总成绩表

类别	单项成绩/分	权重比例	小计/分
工作任务过程评价		10%	
网络线上学习		30%	
作品考核评价		60%	
总分/分			

模块二　板材角焊

学习情境 3

T 形接头平角焊

　　T 形接头平角焊是《国家职业技能标准-焊工》（2018 年版）中要求初级焊工掌握的技能之一，掌握该技能是实际焊接生产中焊接钢结构件的基本要求，也是后续学习 T 形接头立角焊的前提。

学习目标

1. 能读懂工作任务书和查阅相关资料；
2. 掌握焊接工艺参数的概念及内容；
3. 掌握焊接接头的四种形式和坡口的选择原则；
4. 了解 T 形接头、角接接头、搭接接头和对接接头的应用范围；
5. 了解焊缝形式种类；
6. 能熟练掌握 T 形接头平角焊的单层焊及多层多道焊操作方法；
7. 具备安全、环保、团队协作意识和沟通能力；
8. 养成良好的职业道德和成本意识。

学习内容

1. 识图和查阅资料；
2. 焊接工艺参数；

3．焊接接头形式和焊缝形式；

4．多层多道焊焊道排列、斜圆圈形运条；

5．作品考核与评价。

建议学时：28 学时

学习情境描述：

T 形接头是在工程结构上应用广泛的焊接接头形式，焊缝成形美观、质量可靠、操作简单。在理论知识方面，要求学生掌握焊接工艺参数的内容及合理选择焊接工艺参数，了解 T 形接头、角接接头、搭接接头和对接接头的应用范围，掌握焊接接头的四种形式和常用坡口形式。在实际操作方面，要求学生能合理选择运条方法和焊缝层道排列。此外，应培养学生养成良好的职业道德，以及在安全、环保、成本、团队协作和沟通等方面的意识。

学习流程与内容：

学习活动 1：工作任务书识读。

学习活动 2：基础理论学习。

学习活动 3：T 形接头平角焊操作。

学习活动 4：作品考核与评价。

学习活动 1 工作任务书识读

学习目标

1．能看懂简单的图纸和技术要求；

2．能通过网络和相关书籍查阅资料。

学习过程

教师下发表 3-1 所示的工作任务书，学生以小组为单位通过网络和相关书籍查阅资料后，确定工作任务方案。

表3-1 工作任务书

任务名称	T形接头平角焊

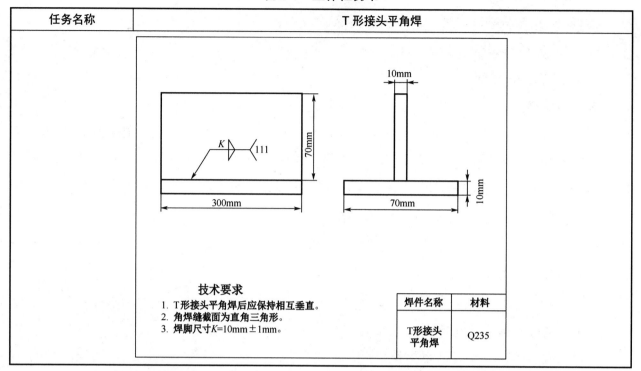

技术要求
1. T形接头平角焊后应保持相互垂直。
2. 角焊缝截面为直角三角形。
3. 焊脚尺寸K=10mm±1mm。

焊件名称	材料
T形接头平角焊	Q235

学习活动 2　基础理论学习

学习目标

1. 掌握焊接工艺参数的概念及内容；
2. 掌握焊接接头的四种形式；
3. 了解焊缝形式的种类。

学习过程

一、焊接工艺参数

焊接工艺参数是指焊接时为保证焊接质量而选定的各项参数（如焊接电流、电弧电压、焊接速度等）的总称。

焊条电弧焊的工艺参数主要包括焊条直径、焊接电流、电弧电压、焊接速度、焊接层数和电源极性。

1．焊条直径

焊条直径可根据焊件厚度进行选择，一般厚度越大，选择的焊条直径越大，反之，选择的焊条直径越小。焊条直径的选择原则如下。

（1）与焊件厚度的关系：焊件越厚，焊条直径越大，反之，焊条直径越小。

（2）与焊接位置的关系：平焊采用的焊条直径比其他位置焊接大一些。

（3）与焊接层数的关系：在进行多层焊时，为保证第一层焊道根部焊透，打底焊选用直径较小的焊条，以后各层选用的焊条直径可大些。

（4）与接头形式的关系：搭接接头、T 形接头因不存在全焊透的问题，所以应选用较大直径的焊条。

2．焊接电流

焊接电流是主要的工艺参数，它直接影响焊缝的质量，焊接电流的选择与下列因素有关。

（1）根据焊条直径选择：焊件越厚，焊条直径应选择得越大，焊接电流越大，反之，焊接电流越小。

一般可先根据下列经验公式来确定焊接电流的范围，再通过试焊，逐步得到合适的焊接电流。

$$I=(30\sim45)d$$

式中，I 为焊接电流；d 为焊条直径。

（2）根据焊缝位置选择：在焊条直径相同的情况下，平焊时熔池中的熔化金属容易控制，可以适当选择较大的焊接电流；立焊和横焊时的焊接电流比平焊时应减小 10%～15%；仰焊时的焊接电流要比平焊时减小 10%～20%。

（3）根据焊条类型选择：当焊条直径相同时，奥氏体铬镍不锈钢焊条使用的焊接电流比碳钢焊条小些，碱性焊条使用的焊接电流比酸性焊条小些，否则，焊缝中易形成气孔。

（4）根据焊接经验选择。

① 当焊接电流过大时，焊接爆裂声大，熔滴向熔池外飞溅；焊缝成形宽而低，容易产生烧穿、焊瘤、咬边等缺陷。

② 当焊接电流过小时，焊缝窄而高，熔池浅，熔合不良，会产生未焊透、夹渣等缺陷；还会出现熔渣超前，与液态金属分不清的现象。

③ 当焊接电流合适时，电弧发出"嘶、嘶"的柔和声音，液态金属和熔渣易分离。焊缝金属与母材呈圆滑过渡，熔合良好。

（5）怎样判断焊接电流是否合适。

① 焊缝成形。当焊接电流过大时，熔深大，焊缝低，两侧易咬边；当焊接电流过小时，焊缝窄小，且两侧与基本金属熔合不好；当焊接电流合适时，焊缝两侧与基本金属熔合良好。

② 飞溅。当焊接电流过大时，电弧吹力大，飞溅增多，爆裂声大，焊件表面不干净；当

焊接电流过小时，电弧吹力小，熔渣和铁水不易分开。

③ 焊条熔化状况。当焊接电流过大时，焊条才烧了大半根，其余部分即已发红；当焊接电流过小时，电弧燃烧不稳定，焊条易黏到焊件上。

3．电弧电压

焊条电弧焊的电弧电压主要由电弧长度来决定。电弧越长，电弧电压越高，反之，电弧电压越低。

在焊接过程中，如果电弧过长，则电弧不稳定，飞溅增多，焊缝成形不易控制，尤其对焊缝金属保护不利，有害气体侵入将直接影响焊缝金属的力学性能。因此，焊接时应采用短弧焊接。

4．焊接速度

单位时间内完成的焊缝长度称为焊接速度。在焊接过程中，根据焊件的要求，焊工凭焊接经验来灵活掌握焊接速度。

5．焊接层数

当焊件较厚时，需要采用多层焊。在进行多层焊时，后层焊道对前层焊道重新加热，并产生部分熔合现象，可以消除前层焊道中存在的夹渣及气孔，改善焊道的金属组织，提高焊道的力学性能。因此，一些重要的结构应采用多层焊，每层厚度最好不要超过 4mm。

6．电源极性

直流电源电弧稳定、飞溅少、焊接质量好，一般用在重要的焊接结构或厚板大刚度结构上。在其他情况下，应首先考虑交流电源。根据焊条形式和焊接特点的不同，利用电弧中的阳极区温度比阴极区温度高的特点，选用不同的电源极性来焊接各种不同的构件。当用碱性焊条或焊接薄板时，采用直流反接（焊件接负极）；当用酸性焊条时，通常采用正接（焊件接正极）。

二、焊接接头形式

用焊接方法连接的接头称为焊接接头（简称接头）。焊接接头包括焊缝、熔合区和热影响区，如图 3-1 所示。

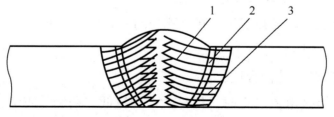

1—焊缝；2—熔合区；3—热影响区

图 3-1　焊接接头组成

由于焊件的结构形状、厚度及技术要求不同，其焊接接头的形式及坡口形式不同。焊接接头的基本形式分为对接接头、T 形接头、角接接头、搭接接头四种。

常用的坡口形式有不开坡口、V 形坡口、X 形坡口和 U 形坡口。

1. 对接接头

两焊件端面相对平行的接头称为对接接头，如图 3-2 所示，对接接头是各种焊接结构中采用最多的一种接头形式。

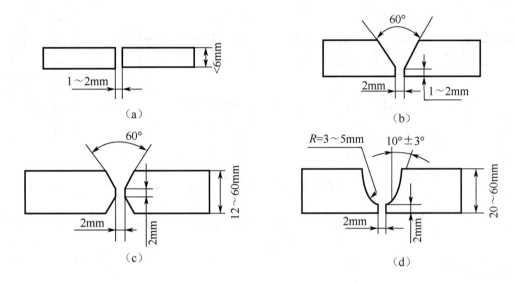

图 3-2 对接接头的形式

（1）不开坡口对接接头。钢板厚度在 6mm 以下的焊件，一般不开坡口，为使焊接时达到一定的熔深，留有 1～2mm 的根部间隙。有的焊件在整个厚度上不要求全部焊透，可进行单面焊接，但必须保证焊缝的熔深不小于板厚的 0.7 倍。如果产品要求在整个厚度上全部焊透，就应该在焊缝背面用碳弧气刨清根后再焊，即形成不开坡口的双面焊接对接接头。

（2）开坡口对接接头。开坡口的主要目的是保证接头根部焊透，以便清除熔渣，获得优质的焊接接头，而且坡口可以调节焊缝的熔合比。一般当钢板厚度为 6～40mm 时，开 V 形坡口，这种坡口的特点是加工容易，但焊件容易产生角变形。

2. T 形接头

一个焊件的端面与另一个焊件的表面构成直角或近似直角的接头，称为 T 形接头，如图 3-3 所示。

T 形接头的使用范围仅次于对接接头，特别是在造船厂的船体结构中，约 70% 的焊缝采用这种接头。

3. 角接接头

两个焊件端面间构成大于 30°、小于 135° 夹角的接头，称为角接接头，如图 3-4 所示。

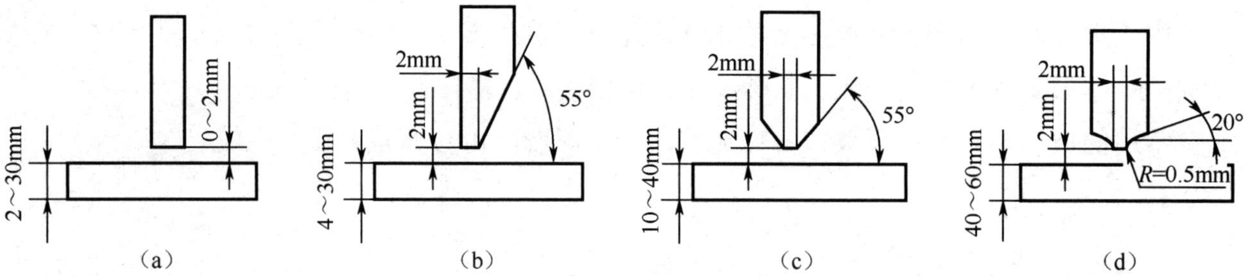

图 3-3 T 形接头的形式

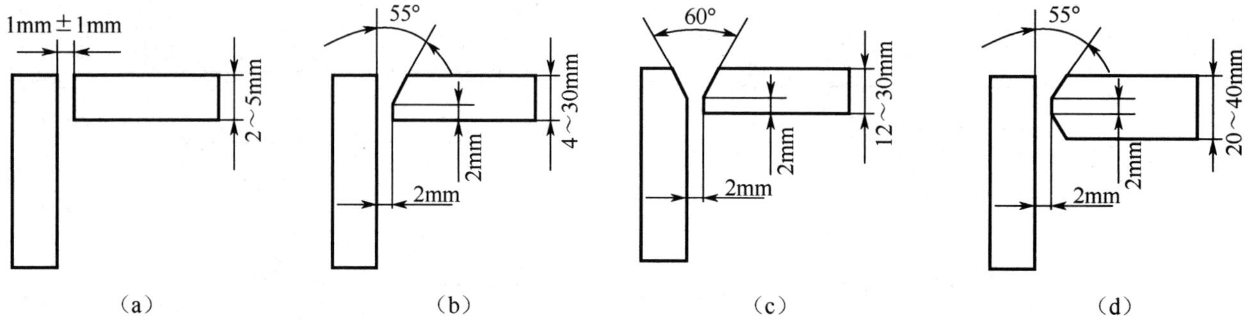

图 3-4 角接接头的形式

角接接头承载能力较差，一般用于不重要的结构中。开坡口的角接接头在一般结构中较少采用。

4. 搭接接头

两个焊件部分重叠构成的接头称为搭接接头，如图 3-5 所示。

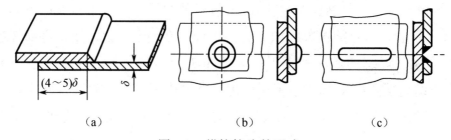

图 3-5 搭接接头的形式

搭接接头根据结构形式和对强度要求的不同，可分为不开坡口搭接接头、塞焊缝搭接接头和槽焊缝搭接接头。

不开坡口搭接接头的重叠部分为 3～5 倍板厚，并采用双面焊接方法。这种接头的装配要求不高，但承载能力低，只用在不重要的结构中。

5. 坡口的作用及选择原则

坡口的主要作用是保证电弧能深入根部，使焊缝根部焊透，便于清除焊渣，获得良好的焊缝成形。坡口的选择原则如下。

（1）保证焊件焊透。

（2）坡口的形状容易加工。

（3）尽可能地节省焊接材料，提高生产率。

（4）尽可能地减少焊后焊件变形。

三、焊缝形式

焊缝是构成焊接接头的主体部分，焊缝按不同的分类方法有如下几种形式。

（1）按焊缝的空间位置分类：平焊缝、立焊缝、横焊缝和仰焊缝四种形式。

（2）按焊缝的结构形式分类：对接焊缝、角焊缝及塞焊缝三种形式。

（3）按焊缝断续情况分类：定位焊缝、连续焊缝及断续焊缝三种形式。

学习活动 3 ｜ T形接头平角焊操作

 学习目标

1. 掌握焊脚尺寸的含义；

2. 能正确掌握焊条角度；

3. 能根据焊脚尺寸的大小，选择焊道层数；

4. 能正确选择焊接工艺参数；

5. 会合理安排焊道和进行直线形与斜圆圈形运条。

 学习过程

一、平角焊

平角焊主要是指 T 形接头平角焊、搭接接头平角焊和角接接头平角焊，如图 3-6 所示。搭接接头平角焊和角接接头平角焊的操作方法与 T 形接头平角焊相似。

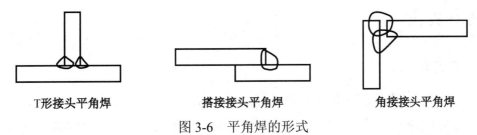

T形接头平角焊　　　　搭接接头平角焊　　　　角接接头平角焊

图 3-6　平角焊的形式

二、角焊缝各部分名称

在进行平角焊时，角焊缝的焊脚尺寸应符合技术要求，以保证焊接接头的强度。

焊脚尺寸是指在角焊缝横截面中画出的最大等腰直角三角形中直角边的长度。角焊缝各部分名称如图3-7所示。

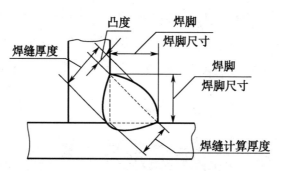

图3-7　角焊缝各部位名称

平角焊的焊接工艺参数和焊接方法主要由焊脚尺寸决定，一般焊脚尺寸随钢板厚度的增大而增加。焊脚尺寸与钢板厚度的关系见表3-2。

表3-2　焊脚尺寸与钢板厚度的关系

钢板厚度	≥2～3mm	>3～6mm	>6～9mm	>9～12mm	>12～16mm	>16～23mm
最小焊脚尺寸	2mm	3mm	4mm	5mm	6mm	8mm

三、焊前准备

设备、材料和工量具见表3-3。

表3-3　设备、材料和工量具

焊机型号	钢板		焊条		工量具
	牌号	规格/mm	型号	规格/mm	
ZX7-400	Q235	δ=10 300×70×10，两块	E4303	ϕ3.2	面罩、手套、敲渣锤、焊缝测量尺

四、操作要领

1. 组对与定位

焊前首先用钢丝刷或角向磨光机彻底清除待焊部位的铁锈及油污，然后进行定位焊。定位前将焊件装配成90°T形接头，不留间隙，采用与正式焊缝相同的焊条进行定位。定位焊在焊件两端的前后对称处焊四点，长度为10～15mm，装配完毕后应校正焊件，保证两个焊件的垂直度。在实际生产中，当焊件较长时，每隔 300mm 定位一点，长度为 30～40mm。定位焊如图 3-8 所示。

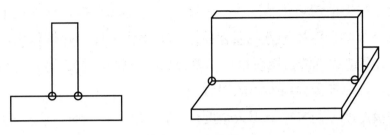

图 3-8　定位焊

2. 焊接工艺参数

T 形接头平角焊工艺参数见表 3-4。

表 3-4　T 形接头平角焊工艺参数

焊脚尺寸/mm		第一层焊缝		第二层焊缝		盖面层焊缝	
		焊条直径/mm	焊接电流/A	焊条直径/mm	焊接电流/A	焊条直径/mm	焊接电流/A
<5	采用单层焊	3.2～4	130～160	—	—	—	—
6～10	采用多层焊	3.2～4	130～160	3.2～4	130～160	—	—
>10	采用多层多道焊	3.2～4	130～160	3.2～4	130～160	3.2～4	130～160

3. 焊条角度

在进行 T 形接头平角焊时，容易产生未焊透、焊偏、咬边及夹渣等缺陷，特别是立板容易咬边。因此，焊接时除正确选择焊接参数外，还必须根据两板厚度调整焊条角度，使电弧偏向厚板一边，使两板的温度均匀。焊条角度如图 3-9 所示。

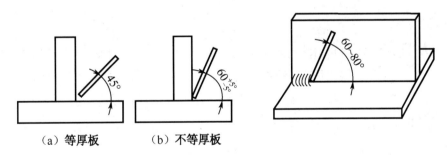

（a）等厚板　　　（b）不等厚板

图 3-9　焊条角度

4. 单层焊、多层焊及多层多道焊

焊脚尺寸决定焊接层数。根据焊脚尺寸大小，T 形接头平角焊可以采用单层焊、多层焊和多层多道焊等操作方法。

1）单层焊

当焊脚尺寸小于 5mm 时，通常采用单层焊。焊条直径的选择由焊脚尺寸来确定，如果焊脚尺寸较大，焊条直径就相应大一些。焊条直径根据钢板厚度不同在 3.2～4mm 范围内选择。

当操作时，可采用直线形或斜圆圈形运条法，焊接时使用短弧，焊接速度要均匀。在运条过程中，要始终注视熔池的熔化状况，一方面要保持熔池在接口处不偏上或偏下，以便使立板与平板的焊道充分熔合；另一方面要保持熔渣对熔化金属的保护作用，既不超前，又不拖后（熔渣超前，容易造成夹渣；熔渣拖后，焊缝表面波纹粗糙）。运条时通过焊接速度的调整和适当的焊条摆动，保证焊件所要求的焊脚尺寸。

操作时应按钢板厚度不同来调节焊条角度，当钢板厚度相同时，焊条与平板成 45°夹角；当钢板厚度不相同时，焊条与厚板方向的夹角应大些，才能使钢板温度分布均匀。

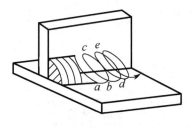

图 3-10　斜圆圈形运条法

当采用斜圆圈形运条法时，焊条在靠近母材的上下两侧稍做停留，防止产生焊偏或咬边缺陷。斜圆圈形运条法如图 3-10 所示。

斜圆圈形运条法要点如下。

（1）$a \rightarrow b$ 要慢速，以保证平板的熔深。

（2）$b \rightarrow c$ 稍快，以防止熔化金属下流，在 c 处稍做停留，防止咬边。

（3）$c \rightarrow d$ 稍慢，以保证根部焊透和平板的熔深，防止夹渣。

（4）$d \rightarrow e$ 稍快，在 e 处稍做停留。

单层焊还有一种简单易行的直线形运条法，即只要将焊条端部的套管边缘靠在接口的夹角处，并轻轻施压，随着焊条的熔化，那么焊条便会自然地向前移动。这种运条方法便于掌握，而且焊缝成形较美观。

2）多层焊

当焊脚尺寸为 6～10mm 时，可采用两层两道焊或两层三道焊，采用直线形或斜圆圈形运条法。

3）多层多道焊

当焊脚尺寸大于 10mm 时，采用多层多道焊。第一层焊接方法与单层焊相同；当焊接第二层第一条焊道时，焊条与水平方向的夹角应大些，多为 50～60°，使水平位置的钢板很好地熔合，对第一层焊缝应覆盖 2/3 以上，焊条与水平方向的夹角为 60～80°，采用直线形或斜圆圈形运条法；当焊接第二层第二条焊道时，焊条与水平方向的夹角应小些，约为 40°～45°，防止产生咬边及下垂现象，采用直线形运条法，对前条焊道焊缝的覆盖量应为 1/3 左右。多层多道焊焊条角度如图 3-11 所示。

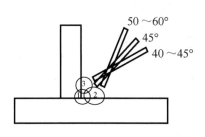

图 3-11　多层多道焊焊条角度

安全提示

1. 穿戴好劳保用品。
2. 钢板要夹紧、放置牢固。
3. 敲焊渣时要用面罩盖住焊缝，防止焊渣溅入眼睛。

学习活动 4 作品考核与评价

 学习目标

1. 能讲述焊件的制作工艺或过程，指出存在的问题；
2. 能客观地评价自己和他人；
3. 具有团队合作精神及一定的语言表达和沟通能力。

学习过程

【评价与分析】

本学习情境学习结束后，需要考核与评价。

每个学生首先介绍自己焊件的制作工艺或过程，然后进行表 3-5 中的自我评价，最后教师进行评价和焊件检测。T 形接头平角焊作品考核评价表见表 3-6。总成绩表见表 3-7。

表 3-5　工作任务过程评价表

班级＿＿＿＿＿　学生姓名＿＿＿＿＿　组名＿＿＿＿＿　学号＿＿＿＿＿

项目	自我评价/分			小组评价/分			教师评价/分		
	10～9	8～6	5～1	10～9	8～6	5～1	10～9	8～6	5～1
	占总评 10%			占总评 30%			占总评 60%		
劳保着装									
安全文明									
纪律观念									
工作态度									
时间及效率观念									
学习主动性									
团队协作精神									

项目	自我评价/分			小组评价/分			教师评价/分		
	10～9	8～6	5～1	10～9	8～6	5～1	10～9	8～6	5～1
	占总评10%			占总评30%			占总评60%		
设备规范操作									
成本和环保意识									
实训周记写作能力									
小计/分									
总评/分									

任课教师：　　　　　　　　　　年　　月　　日

表3-6　T形接头平角焊作品考核评价表

考核内容：① 材料为Q235，$\delta=10mm$；② 焊缝长度为300mm；③ 核定时间为30分钟

外观考核配分及评分标准　　　评卷人＿＿＿＿＿＿　　姓名＿＿＿＿＿＿　　总分＿＿＿＿＿＿

序号	检测项目	配分/分	技术要求	评分标准	实测记录	扣分/分	得分/分
1	焊前准备	6	设备调试、装配、参数选择合理	参数不合理视情况扣分；设备损坏焊件记0分			
2	焊瘤、气孔、夹渣	10	焊缝表面不允许有焊瘤、气孔、夹渣等缺陷	出现任何一种缺陷不得分			
3	咬边	15	焊缝咬边深度≤0.5mm，两侧咬边总长度不超过焊缝有效长度的15%	1. 咬边深度≤0.5mm（1）累计长度每5mm扣1分（2）累计长度超过45mm不得分　2. 咬边深度＞0.5mm不得分			
4	焊缝凹凸度	10	差值≤1.5mm	1. 凹凸度差值＞1.5mm每处扣2分；　2. 凹凸度差值≤1.5mm不扣分			
5	焊脚尺寸	15	$K=10～12mm$	每超1mm扣3分			
6	焊脚下垂	16	$K_1=K_2$	差值每大于1mm扣2分			
7	角变形	6	两板之间夹角为90°±2°	超1°扣2分			
8	焊缝成形	15	成形美观、波纹整齐、过渡圆滑、宽窄一致	优　良　中　差 15分　10分　5分　0分			
9	未焊满（弧坑）	4	起焊处、收弧处饱满	每处扣2分			
10	安全文明生产	3	劳保着装整齐、设备工具复位、场地清理干净	有一处不符合要求扣1分			

表 3-7　总成绩表

类别	单项成绩/分	权重比例	小计/分
工作任务过程评价		10%	
网络线上学习		30%	
作品考核评价		60%	
总分/分			

T 形接头立角焊

T 形接头立角焊以立敷焊和平角焊操作为基础，掌握该技能是实际焊接生产中焊接钢结构件的基本要求。

学习目标

1. 能读懂工作任务书和查阅相关资料；
2. 掌握碳钢牌号的编制方法；
3. 了解合金钢的分类；
4. 掌握合金钢牌号的编制方法；
5. 了解低合金结构钢的新旧牌号对照；
6. 掌握奥氏体铬镍不锈钢的牌号和特性；
7. 熟练掌握 T 形接头立角焊的操作方法；
8. 具备安全、环保、团队协作意识和沟通能力；
9. 养成良好的职业道德和成本意识。

学习内容

1. 识图和查阅资料；
2. 碳钢；
3. 合金钢；
4. T 形接头立角焊操作方法；

5. 作品考核与评价。

建议学时：28 学时

学习情境描述：

T 形接头是在工程上，特别是在船舶结构、机械制造等方面广泛应用的一种焊接接头形式，操作简单。在理论知识方面，要求学生掌握碳钢和合金钢的牌号编制方法及奥氏体铬镍不锈钢的特性；了解低合金结构钢的新旧牌号对照。在实际操作方面，要求学生能合理选择焊接工艺参数和运条方法，严格控制熔池温度。此外，需要培养学生养成良好的职业道德，以及在安全、环保、成本、团队协作和沟通等方面的意识。

学习流程与内容：

学习活动 1：工作任务书识读。

学习活动 2：基础理论学习。

学习活动 3：T 形接头立角焊操作。

学习活动 4：作品考核与评价。

学习活动 1　工作任务书识读

学习目标

1. 能看懂简单的图纸和技术要求；
2. 能通过网络和相关书籍查阅资料。

学习过程

教师下发表 4-1 所示的工作任务书，学生以小组为单位通过网络和相关书籍查阅资料后，确定工作任务方案。

表 4-1　工作任务书

任务名称	T 形接头立角焊

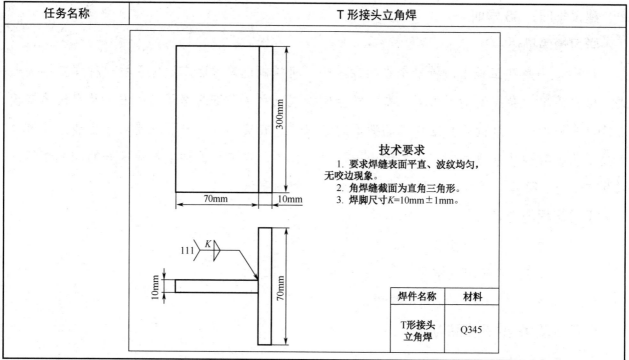

技术要求

1. 要求焊缝表面平直、波纹均匀，无咬边现象。
2. 角焊缝截面为直角三角形。
3. 焊脚尺寸 K=10mm±1mm。

焊件名称	材料
T 形接头立角焊	Q345

学习活动 2　基础理论学习

学习目标

1. 掌握碳钢牌号的编制方法；
2. 了解合金钢的分类；
3. 掌握合金钢牌号的编制方法；
4. 了解低合金结构钢的新旧牌号对照；
5. 掌握奥氏体铬镍不锈钢的牌号和特性。

学习过程

一、碳钢

含碳量小于 2.11%，且不特意加入合金元素的铁碳合金，称为碳钢，又称为碳素钢。碳钢具有良好的力学性能和工艺性能，而且冶炼方便、价格便宜，故应用非常广泛。

1．碳钢中常存元素及其对碳钢性能的影响

碳钢中除铁和碳两种基本元素外，还含有少量的硅、锰、硫、磷、氧、氢等元素。这些元素是随矿石或在冶炼过程中进入碳钢的，它们的存在必然会对碳钢的性能产生影响。

1）硅和锰

硅和锰是在冶炼碳钢时作为脱氧剂加入碳钢中的。硅和锰都能溶于铁素体，产生固溶强化作用，可提高碳钢的强度和硬度。锰能与碳钢中的硫形成 MnS，降低硫对碳钢的危害。硅和锰是碳钢中的有益元素。

2）硫

硫是在冶炼碳钢时由矿石和燃料带入碳钢中的。硫可与碳钢中的铁生成 FeS。FeS 与铁形成低熔点的共晶体，容易产生热裂纹，所以，硫是碳钢中的有害元素，必须严格控制其含量。

3）磷

磷是由矿石和生铁等冶炼碳钢的原料带入碳钢中的有害元素。磷部分溶解于铁素体中形成固溶体，产生固溶强化。磷在结晶时形成脆性很大的化合物，使碳钢在室温下的塑性和韧性急剧下降，这种现象称为冷脆。所以，磷在碳钢中的含量必须严格控制。

2．碳钢的分类

（1）按碳钢的含碳量分类：低碳钢（$\omega_C < 0.25\%$）、中碳钢（$\omega_C = 0.25\% \sim 0.60\%$）、高碳钢（$\omega_C > 0.60\%$）。

（2）按碳钢的质量分类：根据碳钢中有害元素硫、磷含量的多少，碳钢分为普通碳素结构钢、优质碳素结构钢、高级优质碳素钢、特级优质碳素钢。

（3）按碳钢的用途分类：碳素结构钢、碳素工具钢。

（4）按国家标准分类：碳素结构钢、优质碳素结构钢、碳素工具钢、碳素铸钢。

3．碳钢的牌号

1）碳素结构钢

碳素结构钢的牌号由代表屈服点的字母、屈服点数值、质量等级符号、脱氧方法符号四个部分按顺序组成。

例如：Q235AF，

Q——屈服点的"屈"字汉语拼音首位字母；

235——屈服点为 235MPa；

A——质量等级为 A 级；

F——沸腾钢的"沸"字汉语拼音首位字母。

质量等级分为 A 级、B 级、C 级、D 级、E 级五个等级，A 级硫、磷含量最高，质量等级最低；E 级硫、磷含量最低，质量等级最高。

2）优质碳素结构钢

优质碳素结构钢的牌号由两位数字或数字与特征符号组成。两位数字表示该碳钢中碳的平均质量分数的万分之几。

例如：45 表示碳的平均质量分数为 0.45%的优质碳素结构钢；

08 表示碳的平均质量分数为 0.08%的优质碳素结构钢。

3）碳素工具钢

碳素工具钢的牌号由汉字"碳"的汉语拼音首位字母"T"和后面的数字组成，数字表示该碳钢中碳的平均质量分数的千分之几。

例如：T8 表示碳的平均质量分数为 0.8%的碳素工具钢。

若为高级优质碳素工具钢，则在牌号后面加字母"A"，如 T10A 表示碳的平均质量分数为 1.0%的高级优质碳素工具钢。

二、合金钢

在工业用钢中，碳钢虽然具有冶炼简单、加工简单、价格便宜等优点，但其存在淬透性差、缺乏良好的综合性能等缺点，因此其应用范围受到限制。为了提高碳钢的性能，在碳钢中有意加入一种或几种合金元素而形成的钢，称为合金钢。在合金钢中加入的合金元素主要有硅、锰、铬、镍、钨、钼、钒、钛、铌等。

1. 合金钢的分类和牌号

1）按用途分类

（1）合金结构钢用于制造机械零件和工程结构。

（2）合金工具钢用于制造各种工具。

（3）特殊性能合金钢具有某些特殊的物理性能、化学性能，如不锈钢、耐热钢、耐磨钢等。

2）按合金元素总含量不同分类

（1）低合金钢的合金元素总含量小于 5%。

（2）中合金钢的合金元素总含量为 5%～10%。

（3）高合金钢的合金元素总含量大于 10%。

3）合金钢的牌号

低合金结构钢牌号的编制方法与碳素结构钢牌号的编制方法类似，由字母 Q、屈服点数值、质量等级符号（A 级、B 级、C 级、D 级、E 级）三个部分按顺序排列组合而成。例如，Q235A 表示屈服点为 235MPa，质量等级为 A 级的低合金结构钢。

合金结构钢的牌号采用"两位数字+元素符号+数字"表示。前面两位数字表示该钢中碳的平均质量分数的万分之几；元素符号表示钢中含有的主要合金元素，后面的数字表示该元素的百分含量。当合金元素含量小于 1.5%时不标数字,当合金元素含量为 1.5%~2.5%、2.5%~3.5%……时,则相应地用 2、3……表示。例如,60Si2Mn 表示 ω_C=0.60%,ω_{Si}=1.5%~2.5%,ω_{Mn}<1.5%的合金结构钢。

合金工具钢的牌号采用"一位数字(或不标数字)+元素符号+数字"表示。前面一位数字表示该钢中碳的平均质量分数的千分之几,当碳的平均质量分数大于或等于 1.0%时,则不予标出。合金元素及其含量的表示与合金结构钢相同。例如,Cr12MoV 表示 ω_C≥1.0%、ω_{Cr}=11.5%~12.5%、ω_{Mo}<1.5%、ω_V<1.5%的合金工具钢。

特殊性能钢的牌号和合金工具钢的牌号的表示方法相同。当 ω_C=0.03%~0.10%时,含碳量用 0 表示;当 ω_C≤0.03%时,含碳量用 00 表示。例如,0Cr18Ni9 不锈钢表示 ω_C=0.03%~0.10%、ω_{Cr}=18%、ω_{Ni}=9%的不锈钢。

2. 低合金结构钢

低合金结构钢是在碳钢的基础上,加入少量的合金元素而形成的工程结构用钢,其强度显著高于相同含碳量的碳钢,故常称为低合金高强度结构钢。

低合金结构钢按屈服强度等级分为 235MPa、295MPa、390MPa、420MPa、460MPa 五种,按质量等级分为 A 级、B 级、C 级、D 级、E 级五种。

1)成分及组织特点

低合金结构钢的含碳量一般控制在 0.2%以下,以保证有较好的韧性、塑性和焊接性能。合金元素总含量一般在 3.0%以下。常加入的合金元素有锰、硅、钒、铌、钛等。锰和硅主要对铁素体起固溶强化作用,提高低合金结构钢的强度。钒、铌和钛主要起细化晶粒作用,以提高低合金结构钢的韧性。

低合金结构钢通常在热轧或正火状态下使用,经过焊接、压力成形后一般不再进行热处理,因而其工作状态的金相组织主要由铁素体和珠光体组成。

2)低合金结构钢的牌号与钢号对照

常用低合金结构钢的牌号与钢号对照见表 4-2。

表 4-2　常用低合金结构钢的牌号与钢号对照

牌号(新)	屈服强度等级/MPa	钢号(旧)
Q235	235	12MnV、16Mn、16MnR
Q295	295	09Mn2、09Mn2Si、09MnV、12Mn
Q390	390	15MnTi、16MnNb
Q420	420	15MnVN
Q460	460	14MnMoNb

3. 不锈钢

不锈钢是指在大气和弱腐蚀介质中有一定抗蚀能力的钢。

在不锈钢中常加入铬、镍、钛、钼、钒、铌等合金元素。铬的主要作用是形成致密的 Cr_2O_3 保护膜，同时提高铁素体的电极电位，铬还能使钢呈单一的铁素体组织。所以，铬是不锈钢中的主要元素。当含铬量达到一定值时，钢可呈单一奥氏体组织，从而提高抗蚀能力。

不锈钢按组织不同分为马氏体不锈钢、奥氏体不锈钢和铁素体不锈钢三种类型。

1）马氏体不锈钢

马氏体不锈钢中常用的是 Cr13 型不锈钢，如 1Cr13、2Cr13、3Cr13 等。这类不锈钢含有较多的铬（ω_{Cr}=12%～19%）和较多的碳（ω_C=0.08%～0.45%），因此具有较高的强度、硬度和耐磨性。

2）奥氏体不锈钢

奥氏体不锈钢是目前工业上应用最广泛的不锈钢，主要含有铬、镍合金元素。常用的牌号有 0Cr18Ni9、1Cr18Ni9、1Cr18Ni9Ti 等，通称为 18-8 型不锈钢。

奥氏体不锈钢含碳量低，含碳量大多在 0.10%以下，常温下为单相奥氏体组织，具有良好的韧性、塑性、耐蚀性和焊接性，主要用于制造在强腐蚀介质（硝酸、有机酸、碱水溶液等）中工作的零件及构件。

3）铁素体不锈钢

铁素体不锈钢的常用牌号有 1Cr17、1Cr17Mo 等。这类钢含碳量低（ω_C≤0.15%），而含铬量高（ω_{Cr}=12%～30%），因此，其在室温到高温下均为单相铁素体组织。铁素体不锈钢的耐蚀性、塑性、韧性和焊接性均优于马氏体不锈钢，但强度较低，主要用于对力学性能要求不高，而对耐蚀性要求很高的零件或构件。

4. 耐热钢

在高温下具有高抗氧化性能和高强度的钢，称为耐热钢。耐热钢分为抗氧化钢和热强钢两类。

1）抗氧化钢

在高温下具有良好的抗氧化能力且具有一定强度的耐热钢，称为抗氧化钢。这类钢主要用于制造锅炉用零件和热变换器等。

抗氧化钢中主要加入铬、硅、铝、锰等合金元素，在钢表面形成致密的、高熔点的、稳定的氧化膜，使钢和高温氧化性气体隔绝，避免钢的进一步氧化。

2）热强钢

热强钢是在高温下具有良好的抗氧化能力、较高的强度和良好的组织稳定性的钢。为提高热强钢的热强性，常在其中加入铬、钼、钨、钒、钛、铌等合金元素。

常用的热强钢有 15CrMo 等。

5. 耐磨钢

耐磨钢主要用于制造承受强烈摩擦和冲击的零件，如车辆履带等。

高锰钢是常用的耐磨钢，其牌号为 ZGMn13。

学习活动 3　T 形接头立角焊操作

学习目标

1. 会组对和定位；
2. 能正确选择焊缝层数和焊接工艺参数；
3. 会采用三角形运条法、锯齿形运条法和反月牙形运条法进行 T 形接头立角焊操作；
4. 能控制熔池温度。

学习过程

一、焊前准备

设备、材料和工量具见表 4-3。

表 4-3　设备、材料和工量具

焊机型号	钢板		焊条		工量具
	牌号	规格/mm	型号	规格/mm	面罩、手套、敲渣锤、焊缝测量尺
ZX7-400	Q235	$\delta=10$ 300×70×10，两块	E4303	$\phi3.2$	

二、操作要领

1. 组对与定位

T 形接头立角焊的组对与定位方法和 T 形接头平角焊一致。

2. 焊接工艺参数

立角焊与立敷焊操作有许多相似之处，操作姿势和握电焊钳方法相似，焊接电流比在相同板厚的立敷焊条件下可稍大些，以保证焊透。T 形接头立角焊工艺参数见表 4-4。

表 4-4　T 形接头立角焊工艺参数

焊脚尺寸/mm		第一层焊缝		盖面层焊缝	
		焊条直径/mm	焊接电流/A	焊条直径/mm	焊接电流/A
8～10	采用单层焊	3.2	90～100	—	—
11～14	采用双层焊	3.2	90～100	3.2～4	100～120

3．焊条角度

为了使两块钢板能够均匀受热，保证熔深和提高效率，焊条角度如图 4-1 所示。

4．单层焊

当焊脚尺寸小于 10mm 时，可采用单层焊，运条方法为三角形运条法、反月牙形运条法或锯齿形运条法（见图 4-2）。在焊接过程中，要特别注意熔池的形状，当发现椭圆形熔池的下部边缘由比较平直的轮廓逐渐鼓肚变圆时，表示温度已稍高或过高（见图 4-3），这时，应加快焊接速度或立即灭弧，让熔池降温，避免产生焊瘤，待熔池瞬时冷却后，再继续焊接。

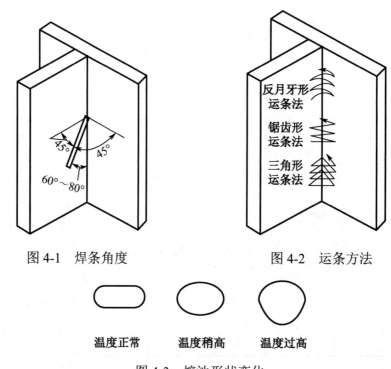

图 4-1　焊条角度　　　　　　图 4-2　运条方法

温度正常　　　温度稍高　　　温度过高

图 4-3　熔池形状变化

5．双层焊（多层焊）

当焊脚尺寸较大时，可采用双层焊或多层焊。第一层焊接方法与单层焊时的焊接方法一致，或者采用挑弧法，并做适当的挑弧动作（短弧挑弧法）；当熔池温度升高时，立即将电弧沿焊接方向提起（电弧不熄灭），让熔化金属冷却凝固；当熔池颜色由亮变暗时，将电弧有节奏地移到熔池上形成一个新熔池。如此不断运条就能形成一条较窄的焊缝（一般作为第一层焊缝）。

当进行盖面层焊接时，可采用锯齿形运条法或反月牙形运条法。当焊条在焊缝中间时，运条速度应稍快，两侧稍做停留，保持每个熔池的下部边缘平直，两侧饱满。

6．操作要点

T 形接头立角焊的关键是控制熔池温度，焊条应按熔池温度状况进行有节奏的向上运动并左右摆动。当熔池温度过高时，熔池下部边缘轮廓逐渐凸起变圆，这时可加快焊条摆动节奏，同时让焊条在焊缝两侧停留时间长一些，直到把熔池下部边缘调整成平直外形。当采用碱性焊条焊接时，必须采用短弧操作，这样既可防止焊缝产生气孔，又可避免两侧产生咬边现象。

 安全提示

1. 穿戴好劳保用品。
2. 钢板要夹紧、放置牢固。
3. 敲焊渣时要用面罩盖住焊缝，防止焊渣溅入眼睛。

学习活动 4　作品考核与评价

 学习目标

1. 能讲述焊件的制作工艺或过程，指出存在的问题；
2. 能客观地评价自己和他人；
3. 具有团队合作精神及一定的语言表达和沟通能力。

 学习过程

【评价与分析】

本学习情境学习结束后，需要考核与评价。

每个学生首先介绍自己焊件的制作工艺或过程，然后进行表 4-5 中的自我评价，最后教师进行评价和焊件检测。T形接头立角焊作品考核评价表见表 4-6。总成绩表见表 4-7。

表 4-5　工作任务过程评价表

班级＿＿＿＿＿＿　学生姓名＿＿＿＿＿＿　组名＿＿＿＿＿＿　学号＿＿＿＿＿＿

项目	自我评价/分			小组评价/分			教师评价/分		
	10～9	8～6	5～1	10～9	8～6	5～1	10～9	8～6	5～1
	占总评 10%			占总评 30%			占总评 60%		
劳保着装									
安全文明									
纪律观念									

续表

项目	自我评价/分			小组评价/分			教师评价/分		
	10～9	8～6	5～1	10～9	8～6	5～1	10～9	8～6	5～1
	占总评10%			占总评30%			占总评60%		
工作态度									
时间及效率观念									
学习主动性									
团队协作精神									
设备规范操作									
成本和环保意识									
实训周记写作能力									
小计/分									
总评/分									

任课教师：　　　　　　年　　月　　日

表4-6　T形接头立角焊作品考核评价表

考核内容：① 材料为Q235，δ=10mm；② 焊缝长度为300mm；③ 核定时间为30分钟

外观考核配分及评分标准　　　评卷人＿＿＿＿＿＿　　姓名＿＿＿＿＿＿　　总分＿＿＿＿＿＿

序号	检测项目	配分/分	技术要求	评分标准				实测记录	扣分/分	得分/分
1	焊前准备	6	设备调试、装配、参数选择合理	参数不合理视情况扣分；设备损坏焊件记0分						
2	焊瘤、气孔、夹渣	10	焊缝表面不允许有焊瘤、气孔、夹渣等缺陷	出现任何一种缺陷不得分						
3	咬边	15	焊缝咬边深度≤0.5mm，两侧咬边总长度不超过焊缝有效长度的15%	（1）咬边深度≤0.5mm ① 累计长度每超过5mm扣1分 ② 累计长度超过45mm不得分 （2）咬边深度＞0.5mm不得分						
4	焊缝凹凸度	10	凹凸度差≤1.5mm	（1）凹凸度差＞1.5mm，每处扣2分； （2）凹凸度差≤1.5mm，不扣分						
5	焊脚尺寸	15	K=10～12mm	每超1mm扣3分						
6	焊脚下垂	16	$K_1=K_2$	差值每大于1mm扣2分						
7	角变形	6	两板之间夹角为90°±2°	超1°扣2分						
8	焊缝成形	15	成形美观、波纹整齐、过渡圆滑、宽窄一致	优	良	中	差			
				15分	10分	5分	0分			

序号	检测项目	配分/分	技术要求	评分标准	实测记录	扣分/分	得分/分
9	未焊满（弧坑）	4	起焊处、收弧处饱满	每处扣 2 分			
10	安全文明生产	3	劳保着装整齐、设备工具复位、场地清理干净	有一处不符合要求扣 1 分			

表 4-7　总成绩表

类别	单项成绩/分	权重比例	小计/分
工作任务过程评价		10%	
网络线上学习		30%	
作品考核评价		60%	
总分/分			

模块三　板材对接焊

◀◀◀◀◀◀

学习情境 5

板对接平焊

板对接平焊是《国家职业技能标准-焊工》（2018 年版）中要求初级焊工掌握的技能之一，该项目的学习可以为后续管材对接焊打下基础。

学习目标

1. 能读懂工作任务书和查阅相关资料；
2. 掌握焊接热输入概念，理解各参数的含义；
3. 掌握电弧偏吹的原因和防止措施；
4. 能正确识别未焊透、未熔合、咬边、夹渣、焊瘤、塌陷、烧穿、凹坑与弧坑等缺陷；
5. 掌握未焊透、未熔合、咬边、夹渣、焊瘤、塌陷、烧穿、凹坑与弧坑产生的原因及防止措施；
6. 能使用半自动火焰切割机进行坡口加工及焊件组对和定位；
7. 能正确选择焊接工艺参数；
8. 会进行引弧、运条、收弧、接头、收尾；
9. 能进行打底层单面焊双面成形、填充层和盖面层操作；
10. 具备安全、环保、团队协作意识和沟通能力；
11. 养成良好的职业道德和成本意识。

学习内容

1. 焊接热输入；

2. 焊接电弧的偏吹；

3. 未焊透、未熔合、咬边、夹渣、焊瘤、塌陷、烧穿、凹坑与弧坑产生的原因及防止措施；

4. 坡口加工、清理、组对和定位；

5. 打底层单面焊双面成形、填充层和盖面层操作；

建议学时：56 学时

学习情境描述：

板对接平焊是《国家职业技能标准-焊工》（2018 年版）中初级焊工的考核内容，单面焊双面成形是打底层焊接的关键。在本学习情境中，要求学生正确运用焊接热输入中的各参数，有效地控制熔池温度，使焊缝成形良好；掌握电弧的偏吹原因，能防止填充层和盖面层焊接时产生电弧偏吹现象；识别常见的焊接缺陷；会使用半自动火焰切割机加工坡口。此外，要培养学生养成良好的职业道德，以及在安全、环保、成本、团队协作和沟通等方面的意识。

学习流程与内容：

学习活动 1：工作任务书识读。

学习活动 2：基础理论学习。

学习活动 3：板对接平焊操作。

学习活动 4：作品考核与评价。

学习活动1 工作任务书识读

学习目标

1. 能看懂简单的图纸和技术要求；

2. 能通过网络和相关书籍查阅资料。

学习过程

教师下发表 5-1 所示的工作任务书，学生以小组为单位通过网络和相关书籍查阅资料后，确定工作任务方案。

表 5-1　工作任务书

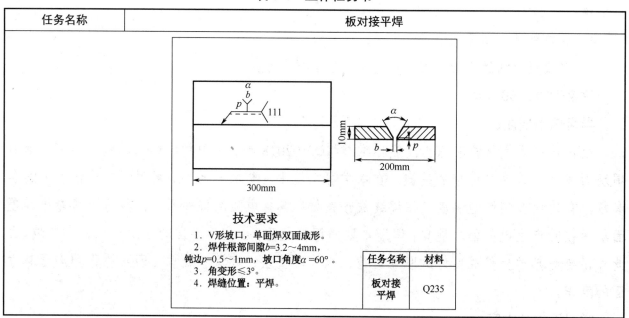

任务名称	板对接平焊

技术要求

1. V形坡口，单面焊双面成形。
2. 焊件根部间隙 b=3.2～4mm，钝边 p=0.5～1mm，坡口角度 $α$=60°。
3. 角变形≤3°。
4. 焊缝位置：平焊。

任务名称	材料
板对接平焊	Q235

学习活动 2　基础理论学习

学习目标

1. 掌握焊接热输入概念，理解各参数的含义；
2. 了解电弧偏吹现象；
3. 掌握电弧偏吹的原因和防止措施；
4. 了解焊接缺陷的类型；
5. 能正确识别未焊透、未熔合、咬边、夹渣、焊瘤、塌陷、烧穿、凹坑与弧坑等缺陷；
6. 掌握未焊透、未熔合、咬边、夹渣、焊瘤、塌陷、烧穿、凹坑与弧坑产生的原因及防止措施。

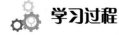 **学习过程**

一、焊接热输入

焊接热输入是指熔焊时，由焊接能源输入单位长度焊缝上的热能。当电弧焊时，焊接能源是电弧，通过电弧将电能转换为热能，利用热能来加热和熔化焊条及焊件。实际上电弧所产生的热量总有一些损耗，如飞溅带走的热量，辐射、对流到周围空间的热量，熔渣加热和蒸发所消耗的热量等，即电弧功率中有一部分能量损失，真正加热焊件的有效功率为

$$q_0 = \eta I U$$

式中：q_0——电弧有效功率，J/cm；

　　　η——电弧有效功率因素；

　　　I——焊接电流，A；

　　　U——电弧电压，V。

由上式可知，当焊接电流大、电弧电压高时，电弧有效功率就大。但是这并不等于单位长度焊缝上所得到的热能一定多，因为焊件受热程度还受焊接速度的影响。在焊接电流、电弧电压不变的情况下，加快焊接速度，焊件受热程度减轻。因此，焊接热输入为

$$q = \eta \frac{IU}{\upsilon}$$

式中：q——焊接热输入，J/cm；

　　　υ——焊接速度，m/h。

二、电弧的偏吹

在焊接过程中，因焊条偏心、气流干扰和磁场的作用，电弧的中心常会偏离焊条轴线，这种现象称为电弧偏吹。电弧偏吹不仅使电弧燃烧不稳定，飞溅加大，熔滴下落时失去保护作用容易产生气孔，还会改变熔滴落点而导致无法正常焊接，直接影响焊缝成形。

1. 影响电弧偏吹的因素

（1）焊条偏心。焊条偏心主要是焊条制造过程中的质量问题，焊条药皮厚薄不均匀，当电弧燃烧时，药皮熔化不均匀，电弧偏向药皮薄的一侧，形成偏吹。所以焊接前应检查焊条的偏心度。焊条偏心度过大如图5-1所示。

（2）气流干扰。电弧是一个柔性体，气体的流动将会使电弧偏离焊条轴线方向，特别是大风中或狭小通道内的焊接作业，空气流速快，造成电弧偏吹。

（3）磁场。在使用直流弧焊机焊接的过程中，焊接回路中产生的磁场在电弧周围分布不均匀常会引起电弧偏向一边，形成偏吹，这种现象叫作磁偏吹。

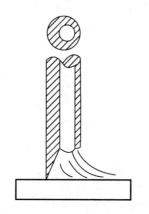

图 5-1　焊条偏心度过大

2．造成磁偏吹的主要原因

（1）连接焊件的地线位置不正确，电弧周围磁场分布不均匀（见图 5-2），电弧会向磁力线稀疏的一侧偏吹。

（2）电弧附近有铁磁物质存在，电弧将向铁磁物质一侧偏吹（见图 5-3）。

（3）在焊件边缘处施焊，电弧周围磁场分布不均匀，产生磁偏吹（见图 5-4），这种情况一般在焊接起头、收尾时容易出现。

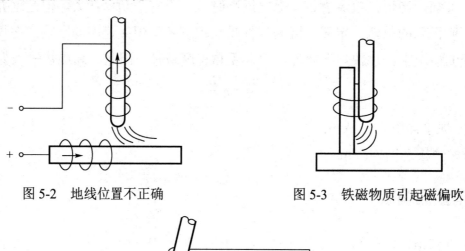

图 5-2　地线位置不正确　　　　　　　　图 5-3　铁磁物质引起磁偏吹

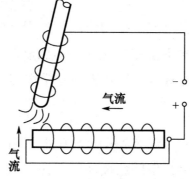

图 5-4　在焊件边缘处施焊引起磁偏吹

总之，只有在使用直流弧焊机时才会产生磁偏吹，焊接电流越大，磁偏吹现象越严重。而对于交流弧焊机来说，一般不会产生明显的磁偏吹现象。

3．克服电弧偏吹的措施

（1）在条件许可的情况下，尽可能使用交流弧焊机。

（2）室外作业可用挡板遮挡大风或"穿堂风"，以对电弧进行保护。

（3）将连接焊件的地线同时接于焊件两侧，可以减少磁偏吹现象。

（4）若操作时出现电弧偏吹，则可适当调整焊条角度，使焊条向偏吹一侧倾斜。这种方法在实际工作中较为有效。

此外，采用小电流和短弧焊接对克服电弧偏吹现象能起一定作用。

三、焊接缺陷的类型

在焊接接头中因焊接产生的金属不连续、不致密或连接不良的现象称为焊接缺欠，把其中超过规定限值的焊接缺欠称为焊接缺陷。焊接缺陷通常按以下几种方法分类。

1．按焊接缺陷的位置分类

常见的焊接缺陷按其在焊缝中的位置分为外部缺陷和内部缺陷。

（1）外部缺陷。外部缺陷位于焊缝表面，用肉眼或低倍放大镜就可以观察到，如焊缝外形尺寸不符合要求、咬边、焊瘤、下陷、弧坑、表面气孔、表面裂纹及表面夹渣等。

（2）内部缺陷。内部缺陷位于焊缝内部，必须通过无损探伤才能检测到，如焊缝内部的夹渣、未熔合、气孔、裂纹等。

2．按焊接缺陷的分布或影响断裂的机制等分类

在 GB/T 6417.1—2005《金属熔化焊接头缺欠分类及说明》中，根据焊接缺陷的分布或影响断裂的机制等，将焊接缺陷分为六类。

第一类为裂纹，包括微观裂纹、纵向裂纹、横向裂纹、放射状裂纹、弧坑裂纹等。

第二类为孔穴，主要指各种类型的气孔，如球形气孔、均布气孔、条形气孔、虫形气孔、表面气孔等。

第三类为固体夹杂，包括夹渣、焊剂或熔剂夹渣、氧化物夹杂、金属夹杂等。

第四类为未熔合和未焊透缺陷。

第五类为形状缺陷，包括焊缝超高、下塌、焊瘤、错边、烧穿、未焊满等。

第六类为其他焊接缺陷，不包括在第一类到第五类中的所有缺陷，如电弧擦伤、飞溅、打磨过量等。

四、焊接外部缺陷

1．焊缝外形尺寸不符合要求

焊缝外形尺寸不符合要求主要包括焊缝外表形状高低不平、宽窄不均、尺寸（如焊缝余

高、焊缝宽度、焊缝余高差、焊缝宽度差、焊脚尺寸、错边等）过大或过小、角焊缝单边或焊脚尺寸不等，如图 5-5 所示。

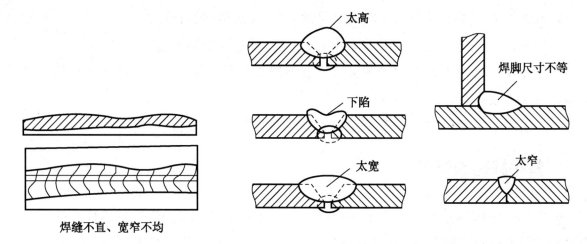

图 5-5　焊缝外形尺寸不符合要求

1）产生原因

（1）焊接坡口角度不当或装配间隙不均匀。

（2）焊接电流过大或过小。

（3）运条方法或速度及焊条角度不当。

2）危害

（1）影响焊缝与基本金属的结合强度。

（2）焊缝尺寸过小会降低焊接接头的承载能力。

（3）焊缝尺寸过大会增加焊接工作量，使焊接残余应力和焊接变形量增大，并造成应力集中。

3）防止措施

（1）焊接时应注意选择正确的焊接坡口角度及装配间隙。

（2）正确选择焊接电流。

（3）提高焊工操作水平，要注意保持正确的焊条角度和运条速度。

2. 咬边

咬边是指沿焊趾的母材部位产生的沟槽或凹陷，如图 5-6 所示。

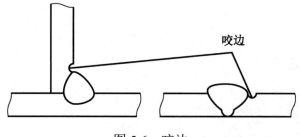

图 5-6　咬边

1）产生原因

（1）操作方法不当。

（2）焊接工艺参数不合理，如焊接电流过大、电弧过长、焊条角度不当。

2）危害

咬边使母材金属的有效截面积减小，减弱了焊接接头的强度，同时在咬边处容易引起应力集中，产生裂纹，甚至断裂。

3）防止措施

（1）正确选择焊接电流和焊接速度。

（2）掌握正确的焊条角度和电弧长度。

3. 焊瘤

在焊接过程中，熔化金属流淌到焊缝之外未熔化的母材上所形成的金属瘤，称为焊瘤，如图 5-7 所示。

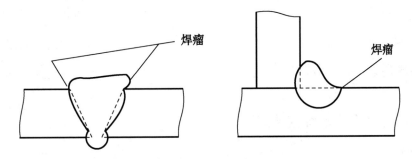

图 5-7　焊瘤

1）产生原因

（1）焊缝间隙过大。

（2）焊接电流过大、焊接速度过慢。

（3）运条方法不正确。

2）危害

焊瘤不但影响焊缝外表的美观，而且易造成应力集中。

3）防止措施

（1）正确选择焊接工艺参数。

（2）掌握正确的运条方法和焊条角度。

（3）提高焊工操作水平。

4. 塌陷

塌陷是指单面熔化焊时，由于焊接工艺不当，焊缝金属过量透过背面，焊缝正面塌陷、背面凸起的现象，如图 5-8 所示。

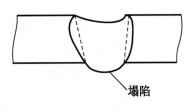

图 5-8　塌陷

1）产生原因

（1）焊接电流过大而焊接速度过慢。

（2）坡口钝边偏小而根部间隙过大。

2）危害

塌陷削减了焊缝的有效截面积，容易造成应力集中并使焊缝强度减弱，同时，在塌陷处由于金属组织过烧，有淬火倾向的钢易产生淬火裂纹，承受动载荷时容易产生应力集中。

3）防止措施

（1）选择合理的焊接工艺参数。

（2）提高焊工操作水平。

5. 烧穿

在焊接过程中，熔化金属自坡口背面流出，形成穿孔的缺陷，称为烧穿，如图 5-9 所示。

1）产生原因

（1）焊接电流过大。

（2）焊接速度过慢。

（3）装配间隙过大或钝边过小。

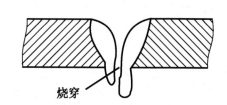

图 5-9　烧穿

2）危害

烧穿是一种不允许存在的焊接缺陷。

3）防止措施

（1）正确设计坡口尺寸，确保装配质量。

（2）选择合理的焊接工艺参数。

6. 凹坑与弧坑

凹坑是指焊缝表面或焊缝背面形成的低于母材的低洼部分，如图 5-10 所示。

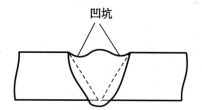
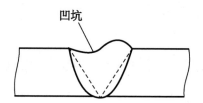

图 5-10　凹坑

弧坑是指焊道末端的凹陷，如图 5-11 所示。

1）产生原因

（1）焊接电流过大，焊接速度过快。

（2）焊工操作不当，灭弧过快。

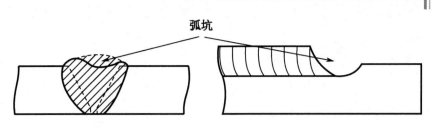

图 5-11　弧坑

2）危害

填充金属不足，削减了焊缝的有效截面积，容易造成应力集中并使焊缝强度严重减弱。弧坑处于冷却过程中时还容易产生弧坑裂纹、缩孔。

3）防止措施

（1）选择合理的焊接工艺参数，如焊接电流、焊接速度等。

（2）在收尾处进行短时间的停留或采用反复引弧—灭弧法收弧，以保证有足够的焊条金属填满熔池。

五、焊接内部缺陷

1. 未焊透

焊接时接头根部未完全熔透的现象称为未焊透，如图 5-12 所示。

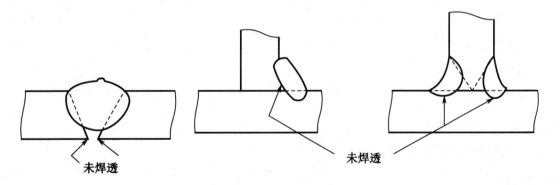

图 5-12　未焊透

1）产生原因

（1）焊接电流太小。

（2）运条速度太快。

（3）焊条角度不当或电弧发生偏吹。

（4）坡口角度或根部间隙太小。

（5）氧化物和熔渣等阻碍了金属间充分的熔合等。

2）危害

未焊透不仅使焊接接头的力学性能降低，还会在未焊透处的缺口和端部形成应力集中，承载后会引起裂纹。

3）防止措施

（1）正确选择坡口形式和装配间隙。

（2）清除坡口两侧和焊层间的氧化物和熔渣。

（3）选择适当的焊接电流和焊接速度。

（4）在运条时，随时注意调整焊条角度，特别是当遇到偏吹和焊条偏心情况时，要注意调整焊条角度，以使焊缝金属和母材金属充分熔合。

2．未熔合

未熔合是指焊接时，焊道与母材之间或焊道与焊道之间未完全熔化结合，或者点焊时母材与母材之间未完全熔化结合，如图 5-13 所示。

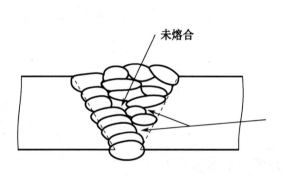

图 5-13　未熔合

1）产生原因

（1）焊接热输入太低。

（2）电弧发生偏吹。

（3）坡口侧壁有锈垢和污物。

（4）焊层间清渣不彻底等。

2）危害

未熔合是一种会造成结构破坏的危险缺陷。

3）防止措施

（1）选择合适的焊条。

（2）提高焊工操作水平。

（3）按工艺要求加工坡口。

（4）合理选择焊接工艺参数。

（5）焊前清理坡口处的锈垢和污物。

3．夹渣

夹渣是指焊后残留在焊缝中（或表面）的焊渣，如图 5-14 所示。

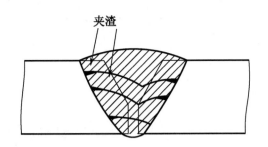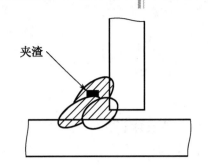

图 5-14　夹渣

1）产生原因

（1）焊接电流过小，熔池存在的时间太短。

（2）坡口太小，焊条直径太粗，焊接电流过小，熔化金属和熔渣由于热量不足而流动性差，熔渣不能上浮。

（3）焊条角度和运条方法不当，对熔化金属和熔渣辨认不清，把熔化金属和熔渣混杂在一起。

（4）焊接速度过快，熔渣来不及上浮。

（5）焊条药皮成块脱落，焊条偏心，有磁偏吹现象。

2）危害

夹渣会降低焊接接头的塑性和韧性，夹渣的尖角处会造成应力集中。

3）防止措施

（1）适当增大焊接电流，避免熔化金属冷却过快；增加电弧停留时间，使熔化金属和熔渣分离良好。

（2）根据熔化状况，随时调整焊条角度和运条方法。

（3）认真清理焊层间的熔渣。

学习活动 3　板对接平焊操作

学习目标

1. 能使用半自动火焰切割机进行坡口加工及组对和定位；

2. 能正确选择焊接工艺参数；

3. 会进行引弧、运条、收弧、接头、收尾；

4. 能控制打底层焊接熔池温度，进行单面焊双面成形操作；

5. 能根据焊缝间隙大小选择正确的操作方法。

学习过程

一、焊前准备

1. 设备、材料和工量具准备

设备、材料和工量具见表 5-2。

表 5-2　设备、材料和工量具

焊机型号	钢板		焊条		工量具
	牌号	规格	型号	规格	
ZX7-400	Q235	$\delta=10mm$ 300mm×100mm×10mm，一对	E4303	$\phi3.2mm$	面罩、手套、敲渣锤、平锉刀、钢丝刷、角向磨光机($\phi100mm$)、焊缝测量尺

2. 坡口加工

采用半自动火焰切割机进行加工（见图 5-15），坡口形状如图 5-16 所示。

图 5-15　坡口加工

3. 焊前清理

组对前，用角向磨光机彻底清除坡口及两侧 20mm 范围内的氧化膜、铁锈和油污等杂质，直至露出金属光泽。

4. 加工钝边

钝边是为了焊接时不至于烧穿钢板，有利于焊缝成形。可采用锉刀或角向磨光机加工，钝边厚度为 0.5～1mm，如图 5-16 所示。

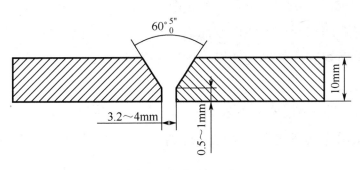

图 5-16　焊件尺寸

5. 组对及定位

把准备好的一对钢板放置在平整的焊接胎具或夹具上，选用与正式焊接方法相同的焊条和焊接电流进行定位，定位焊缝长度为 10～15mm，定位焊缝要焊在坡口内。

定位焊缝要牢固，特别是终端，以免焊接过程中开裂或焊缝收缩造成未焊端坡口间隙变小，从而影响焊接。

焊件组对后，不得有错边。当不能避免错边时，应使错边量小于或等于 1mm。当定位焊缝存在缺陷时，应铲除缺陷后重新焊接。定位完成后，可用角向磨光机或钢铲铲除定位处的过高部分，以使接头熔合良好。定位及预变形如图 5-17 所示。

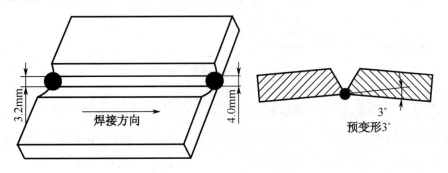

图 5-17　定位及预变形

二、操作要领

1. 焊接工艺参数

焊接工艺参数见表 5-3。

表 5-3　焊接工艺参数

焊接层次	运条方法	焊条直径/mm	焊接电流/A
打底层	灭弧法	3.2	90～100
填充层（1～3层）	直线形运条法、锯齿形运条法或月牙形运条法	3.2	125～130
盖面层	锯齿形运条法或月牙形运条法	3.2	120～125

2. 打底层焊接

在焊件的坡口一侧进行焊接而在焊缝正、反面都能得到均匀整齐且无缺陷的焊道，这种焊接方法叫作单面焊双面成形。单面焊双面成形是一种难度较高的焊接技术。

打底层焊接是单面焊双面成形的关键，通常采用灭弧法，主要有 5 个环节，即引弧、运条、收弧、接头和收尾。

（1）引弧。先从焊件左侧定位处引弧，然后拉长电弧预热 2～3 秒后迅速压短电弧，待看到定位焊缝及坡口根部金属熔化形成熔池，听到"噗、噗"声后，立即灭弧，此时在根部看到一个小熔孔。

（2）运条。当熔池金属的颜色由亮变暗时，迅速在熔池的 2/3 处引弧，从坡口一侧运条到另一侧稍做停留，然后向后方灭弧，这时在根部看到一个新熔孔。当新熔池颜色刚开始变暗时，立即在刚灭弧的坡口那一侧引弧，压短电弧后运条到另一侧稍做停留，听到"噗、噗"声后立即灭弧。这样左右击穿周而复始，直至完成打底层焊接。

打底层焊条角度为 60°～80°，如图 5-18 所示。

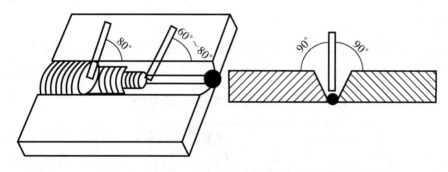

图 5-18　打底层焊条角度

灭弧法要求每一个熔滴都被准确送到欲焊位置，引弧、灭弧节奏应控制为 35～40 次/分钟。节奏过快，坡口根部熔不透；节奏过慢，熔池温度过高，焊件背面焊缝会超高，甚至出现焊瘤和烧穿现象。要求每形成一个熔池都要在其前面出现一个熔孔，熔孔以大于根部间隙 0.5～1mm 为宜（见图 5-19），运条间距要均匀准确，其间距始终应保持熔池之间有 2/3 的搭接量。

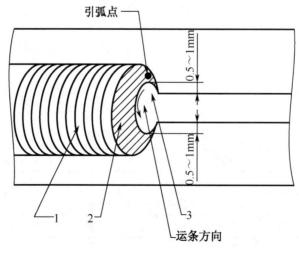

1—焊缝；2—熔池；3—熔孔

图 5-19　板对接平焊的熔孔

（3）收弧。更换焊条前，压短电弧在熔池边缘快速过渡 1～2 滴铁水，以使熔池缓慢冷却，防止焊缝形成冷缩孔，随即灭弧。收弧后在熔池处应保留一个熔孔，便于以后接头。

（4）接头。接头方法分为热接头和冷接头两种。

① 热接头。当熔池还处在红热状态时，在熔池上方约 15mm 坡口内引弧，迅速将电弧拉长至收弧熔池处预热 1～2 秒后，边稍摆动焊条边向下轻压一下电弧，待背面听到"噗、噗"声后，稍做停留，再灭弧转入正常焊接流程。停留时间要合适，若时间过长，则根部背面容易形成焊瘤；若时间过短，则不易接上接头或背面容易形成内凹。要特别注意，热接头时更换焊条的动作越快越好。

② 冷接头。熔池已经冷却后，接头前最好用角向磨光机或錾子将焊道收弧处打磨成长约 10mm 的斜坡。在斜坡处引弧并拉长电弧预热，当焊接到斜坡最低处时，将电弧轻轻压一下，待背面听到"噗、噗"声后，稍做停留再恢复正常焊接流程。

热接头和冷接头操作方法基本相同，只是焊条压弧时停留的时间长短不同，热接头时间短一些，冷接头时间则长一些。

（5）收尾。当焊接到离末端定位处 3～4mm 时，不要灭弧，增大焊条角度采用画圆圈摆动法使定位处熔化，并轻轻向下压一下电弧，使定位处熔合良好，并填满弧坑。

在实际焊接生产过程中，坡口加工等因素会导致焊缝间隙宽窄不一致，此时就需要根据具体情况，采取不同的操作方法。

（1）当间隙较好（3.2～4mm）时，采用半击穿法焊接。

（2）当间隙较小（＜3mm）时，可增大焊接电流或使用小直径的焊条，以使背面焊透。也可让焊条不摆动，采用完全击穿法（在熔池中间引弧）焊接，当采用此法焊接时，重新接弧的频率要快些，待熔池颜色还呈红色时就重新接弧，此时熔孔相对较大。当焊缝间隙过小时，可采用连弧焊和断弧焊交替使用的方法。

（3）当间隙较大（＞5mm）时，可适当减小焊接电流或采用不击穿法和两点法焊接。在不减小焊接电流的情况下，电弧不能伸入坡口内太深，焊条摆动的速度要快些，而重新接弧的频率要慢些，否则背面焊缝容易超高和产生焊瘤。

打底层焊接注意事项如下。

当采用灭弧法进行打底层焊接时，一定要注意将焊条伸向坡口根部钝边处，使钝边都熔化，灭弧动作要果断、迅速，保持熔孔大小一致。要根据焊缝间隙和熔池温度的变化情况，采取不同的操作方法，不能拘泥于一种方法，要灵活应变。这样，才不会出现焊瘤、未焊透等缺陷。

3. 填充层焊接

当填充第一层焊道时易夹渣，可采用直线形运条法，速度略快，以后各层根据焊道的宽度可采用锯齿形运条法和月牙形运条法。当进行填充层焊接时，应对前一层焊道仔细清渣，特别是死角处。第一层填充焊条角度要小些，为50°～60°，以后各层随焊接层次的增加可逐渐加大。当进行填充层焊接时，应注意以下几点。

（1）运条时在坡口两侧稍做停留，中间稍快，保证两侧有一定的熔深并使填充层焊道略向下凹，每层的焊道厚度不要太大，防止产生夹渣。

（2）最后一层的焊缝高度要求低于母材0.5～1mm，且要求平整，不能熔化坡口两侧的棱边，以便盖面层焊接时能掌握焊缝的宽度。

（3）接头方法采用回焊法，如图5-20所示。

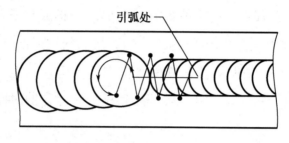

图5-20　回焊法

（4）在焊缝末端若发生电弧偏吹现象，则应及时调整焊条角度，采用短弧操作。当电弧偏吹现象严重时，应改变焊接方向或停止焊接。

4．盖面层焊接

盖面层焊接的焊条角度约为80°，运条方法和接头方法与填充层基本相同，但盖面层焊接的焊条摆动幅度要比填充层大。当摆动焊条时，要注意摆动幅度一致，运条速度均匀。同时，注意观察坡口两侧的熔化状况，焊接时在坡口两侧稍做停留，以使焊缝两侧熔合良好，避免产生咬边现象。保证熔池边缘不得超过表面坡口棱边2mm，否则，焊缝超宽。

安全提示

1．穿戴好劳保用品；
2．使用半自动火焰切割机和角向磨光机时要注意安全，佩戴墨镜和平光防护眼镜；
3．钢板要夹紧、放置牢固；
4．敲焊渣时要用面罩盖住焊缝，防止焊渣溅入眼睛。

学习活动 4　作品考核与评价

学习目标

1. 能讲述焊件的制作工艺或过程，指出存在的问题；
2. 能客观地评价自己和他人；
3. 具有团队合作精神及一定的语言表达和沟通能力。

学习过程

【评价与分析】

本学习情境学习结束后，需要考核与评价。

每个学生首先介绍自己焊件的制作工艺或过程，然后进行表 5-4 中的自我评价，最后教师进行评价和焊件检测。板对接平焊作品考核评价表见表 5-5。总成绩表见表 5-6。

表 5-4　工作任务过程评价表

班级＿＿＿＿＿＿　学生姓名＿＿＿＿＿＿　组名＿＿＿＿＿＿　学号＿＿＿＿＿＿

项目	自我评价/分			小组评价/分			教师评价/分		
	10～9	8～6	5～1	10～9	8～6	5～1	10～9	8～6	5～1
	占总评 10%			占总评 30%			占总评 60%		
劳保着装									
安全文明									
纪律观念									
工作态度									
时间及效率观念									
学习主动性									
团队协作精神									
设备规范操作									
成本和环保意识									
实训周记写作能力									
小计/分									
总评/分									

任课教师：　　　　　　年　　月　　日

表 5-5　板对接平焊作品考核评价表

外观考核配分及评分标准　　　评分人＿＿＿＿＿＿　　姓名＿＿＿＿＿＿　　总分＿＿＿＿＿＿

序号	检测项目		配分/分	考核技术要求	实测记录	扣分/分	得分/分
1	余高	正面	6	0～3mm；每超 0.5mm 扣 1 分			
		背面	6	0～3mm；每超 0.5mm 扣 1 分			
2	余高差	正面	6	每 1mm 扣 1 分			
		背面	6	每 1mm 扣 1 分			
3	表面宽度		6	允许 14～18mm；每超 0.5mm 扣 1 分			
4	宽度差		6	每 1mm 扣 1 分			
5	夹渣	正面	6	无夹渣。点渣＜2mm，每点扣 2 分；条、块渣＞2mm，0 分			
		背面	4	无夹渣。点渣＜2mm，每点扣 2 分；条、块渣＞2mm，0 分			
6	咬边		8	深度＜0.5mm，每 5mm 扣 1 分；深度＞0.5mm，0 分			
7	未焊透		8	无未焊透。如有，则每 2mm 扣 1 分；总长＞10mm，0 分			
8	未熔合		8	无未熔合。如有，则每 2mm 扣 1 分；总长＞10mm，0 分			
9	背面内凹		4	深度为 0～1mm，每 5mm 扣 1 分			
10	缩孔（含气孔）		4	每个扣 2 分			
11	错边与角变形		4	错边≤1mm，超 1mm 扣 1 分；角变形≤3°，超 1°扣 1 分			
12	弧坑		4	每处弧坑（含起焊端未焊满）扣 2 分			
13	焊缝成形		8	焊缝整齐、波纹细密、均匀、光滑、高低宽窄一致 优 8 分／良 6 分／中 4 分／差 0 分			
14	试件清洁		2	视飞溅、焊渣和电弧擦伤情况扣分			
15	安全文明生产		4	服从劳动管理、穿戴好劳保用品，按规定安全技术要求操作			

表 5-6　总成绩表

类别	单项成绩/分	权重比例	小计/分
工作任务过程评价		10%	
网络线上学习		30%	
作品考核评价		60%	
总分/分			

板对接立焊

板对接立焊是《国家职业技能标准-焊工》（2018 年版）中要求中级焊工掌握的技能之一，通过该技能的学习，学生可以为后续管材对接焊打下基础。

 **学习目标**

1. 能读懂工作任务书和查阅相关资料；
2. 掌握气孔的特征与危害；
3. 掌握产生气孔的气体来源；
4. 了解气孔的形成过程；
5. 掌握常见气孔的类型与防止措施；
6. 掌握焊缝夹杂物的防止措施；
7. 能进行板对接立焊打底层单面焊双面成形及填充层与盖面层操作；
8. 具备安全、环保、团队协作意识和沟通能力；
9. 养成良好的职业道德和成本意识。

学习内容

1. 识图和查阅资料；
2. 气孔的特征与危害；
3. 产生气孔的气体来源；
4. 气孔的形成过程；
5. 常见气孔的类型与防止措施；

6．焊缝夹杂物的防止措施；

7．坡口加工、清理、组对和定位；

8．板对接立焊打底层单面焊双面成形及填充层与盖面层操作；

9．作品考核与评价。

建议学时：56 学时

学习情境描述：

板对接立焊是《国家职业技能标准-焊工》（2018 年版）中的中级焊工的考核内容，单面焊双面成形是打底层焊接的关键。在开 V 形坡口的板对接立焊学习中，在理论知识方面，要求学生掌握产生气孔的气体来源、常见气孔的类型与防止措施、焊缝夹杂物的防止措施。在实际操作方面，要求学生做好焊前准备工作，保证焊条角度正确，严格控制弧长、熔池温度和运条速度。此外，应培养学生养成良好的职业道德，以及在安全、环保、成本、团队协作和沟通等方面的意识。

学习流程与内容：

学习活动 1：工作任务书识读。

学习活动 2：基础理论学习。

学习活动 3：板对接立焊操作。

学习活动 4：作品考核与评价。

学习活动1 工作任务书识读

学习目标

1．能看懂简单的图纸和技术要求；

2．能通过网络和相关书籍查阅资料。

学习过程

教师下发表 6-1 所示的工作任务书，学生以小组为单位通过网络和相关书籍查阅资料后，确定工作任务方案。

表6-1　工作任务书

任务名称	板对接立焊

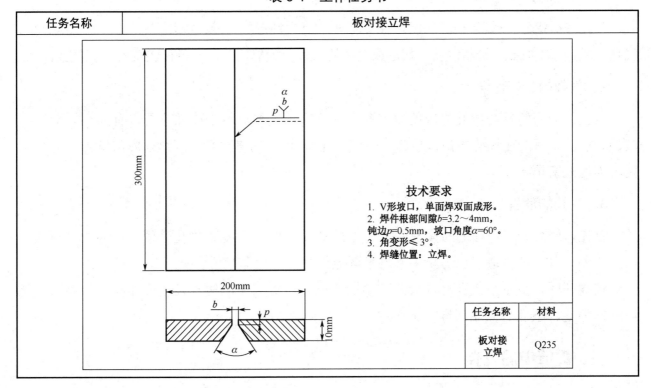

技术要求

1. V形坡口，单面焊双面成形。
2. 焊件根部间隙b=3.2～4mm，
　钝边p=0.5mm，坡口角度α=60°。
3. 角变形≤3°。
4. 焊缝位置：立焊。

任务名称	材料
板对接立焊	Q235

学习活动 2　基础理论学习

学习目标

1. 掌握气孔的特征与危害；
2. 掌握产生气孔的气体来源；
3. 了解气孔的形成过程；
4. 掌握常见气孔的类型与防止措施；
5. 掌握焊缝夹杂物的防止措施。

学习过程

一、气孔的特征及危害

当焊接时，熔池中的气体在金属凝固前未来得及逸出，从而在焊缝金属中残留下来所形成的孔穴，称作气孔。气孔是焊缝中常见的缺陷之一。

1．气孔的分类

气孔按形状分为球形气孔、虫形气孔、条形气孔、针形气孔等；按分布分为单个气孔、均布气孔、局部密集气孔、链状气孔；按形成气孔的气体分为氢气孔、一氧化碳气孔、氮气孔。

2．气孔的分布特征

气孔的分布特征与气孔生成的原因和条件有密切关系，从生成部位看，有的在焊缝表面（表面气孔），有的在焊缝内部或根部（内部气孔），也有的贯穿整个焊缝。内部气孔不易被发现，因而危害更大。

3．气孔的危害

首先，气孔会影响焊缝的紧密性（气密性和水密性）；其次，气孔会减小焊缝的有效截面积。此外，气孔还将造成应力集中，显著降低焊缝的强度和韧性。

实践证明，少量小气孔对焊缝的力学性能无明显影响，但随着气孔尺寸及数量的增加，焊缝的强度、塑性和韧性都将明显下降。

二、焊缝中的气孔

1．形成气孔的气体

在焊接过程中遇到气孔的问题是相当普遍的，如焊条、焊剂的质量不好（有较多的水分和杂质），烘干不足，被焊金属的表面有锈蚀、油、其他杂质，焊接工艺不稳定（电弧电压偏高、焊接速度过快和焊接电流过小），以及焊接区域保护不良等都会导致气孔的出现。此外，焊接过程中冶金反应产生的气体，由于熔池冷却速度过快未能及时逸出也会产生气孔。

焊接过程中能够形成气孔的气体主要来自两个方面。

（1）来自周围空气，这类气体在高温时能大量溶于液体金属，而在凝固过程中，由于温度降低，溶解度突然下降，如氢气、氮气。

（2）来自冶金反应的产物，主要是指在熔池中进行冶金反应形成的、不溶于液体金属的气体，如一氧化碳。

例如，当焊接低碳钢和低合金钢时，形成气孔的气体主要是氢气和一氧化碳，对应形成氢气孔和一氧化碳气孔。前者来源于周围的介质（空气），后者是由冶金反应生成的，两者的来源与化学性质均不同，形成气孔的条件与气孔的分布特征也不一样。

2．气孔的形成过程

不同气体形成的气孔不但在外观与分布上各有特点，而且产生的冶金反应过程与工艺因素不尽相同。然而，任何气体在熔池中形成气泡都是在液相中形成气相的过程，因此服从新相形成的一般规律，由形核与长大两个基本过程组成。气孔形成的全过程分为 4 个阶段，即熔池中吸收了较多的气体而达到过饱和状态→气体在一定条件下聚集形核→气泡核长大为具有一定尺寸的气泡→气泡上浮受阻残留在凝固后的焊缝中而形成气孔。

可见，气孔的形成是气体的吸收、气泡的形核、气泡的长大和气泡的上浮 4 个环节共同作用的结果。

1）气体的吸收

在焊接过程中，熔池周围充满了成分复杂的各种气体，这些气体主要来自空气；药皮和焊剂的分解及它们燃烧的产物；焊件上的铁锈、油漆、油脂受热后产生的气体等。这些气体的分子在电弧高温作用下，很快被分解成原子状态，并被金属熔滴吸附，不断地向液体熔池内部扩散和溶解，气体基本上以原子状态溶解到熔池金属中去。而且温度越高，熔池金属中溶解气体的量越多。

2）气泡的形核

气泡的形核至少要具备两个条件：一是液体金属中要有过饱和的气体；二是要有形核所需要的能量。

当焊接时，在电弧高温作用下，熔池与熔滴吸收的气体大大超过了其所在熔点的溶解度。随着焊接过程中熔池温度的降低，气体在熔池中的溶解度相应减小，气体在金属中的溶解达到饱和状态。

在极纯的液体金属中形成气泡核是很困难的，所需形核功很大。而在焊接熔池中，由于半熔化晶粒及悬浮质点等现成表面的存在，气泡形核所需的能量大大降低。因此，焊接熔池中气泡的形核率较高。

3）气泡的长大

气泡形核后要继续长大需要两个条件：一是气泡内压大于其所受的外压；二是气泡长大要有足够的速度，以保证在熔池金属凝固前达到一定的宏观尺寸。

4）气泡的上浮

熔池中的气泡长大到一定尺寸后，开始脱离吸附表面上浮。因此，焊缝中是否形成气孔，取决于气泡能否从熔池中浮出，它由气泡上浮速度与熔池金属在液态停留的时间两个因素决定。

熔池金属在液态停留的时间越长，气泡越容易浮出，越不容易形成气孔，反之，越容易形成气孔。熔池金属在液态停留的时间长短主要取决于焊接方法与焊接工艺参数等因素。

通过以上分析可知，焊缝中形成气孔的主要原因可归纳为以下几个方面。

① 熔池中溶入或冶金反应产生的大量气体是形成气孔的先决条件之一。

② 当熔池底部气泡形核并逐渐长大到一定程度时，若阻碍气泡长大的外压大于或等于气泡内压，则气泡不再长大，气泡尺寸大小不足以使气泡脱离结晶表面的吸附，无法上浮，此时便可能形成气孔。

③ 当气泡长大到一定尺寸并开始上浮时，若上浮速度小于熔池金属的结晶速度，那么气

泡就可能残留在凝固的焊缝金属中成为气孔。

④ 如果在熔池金属中出现气体过饱和状态的温度过低，或者在焊缝结晶后期才产生气泡，则容易形成气孔。

3. 常见气孔产生的原因

焊缝中常见的气孔有氢气孔、氮气孔和一氧化碳气孔等。

1）氢气孔

氢气孔主要是由氢气引起的。氢气是还原性气体且扩散能力很强，在低碳钢焊缝中，气孔大多分布于焊缝表面，其断面为螺钉状，内壁光滑，上大下小呈喇叭口形。当焊条药皮组成物中含有结晶水，或者焊接密度较小的轻金属时，氢气孔会残留在焊缝内部。

氢气孔的形成过程：氢气孔是在结晶过程中形成的，首先在枝晶间谷底部形成气泡，气泡形成后，一方面氢气本身的扩散能力促使其浮出，另一方面受到晶粒的阻碍与液态金属黏度的阻力，二者综合作用，气孔就形成了上大下小的喇叭口形，并往往呈现于焊缝表面。

2）氮气孔

氮气孔的形成过程与氢气孔相似，气孔的分布也多在焊缝表面，但多数情况下是成堆出现的，类似蜂窝状。在正常焊接条件下，进入焊接区域的氮气很少，不足以形成氮气孔。氮气孔一般产生于保护不良的情况。

3）一氧化碳气孔

一氧化碳气孔主要是钢（特别是碳钢）在焊接过程中进行冶金反应产生了大量的一氧化碳，一氧化碳在熔池金属结晶过程中来不及逸出残留在焊缝内部而形成的。

4. 防止气孔产生的措施

1）在母材方面

① 应在焊前清除焊件坡口面及两侧的水分、油污及铁锈。

② 当进行焊条电弧焊时，如果焊条药皮受潮、变质、剥落或焊芯生锈等，都会产生气孔，焊条烘干对防止气孔的产生十分关键。

2）在焊接工艺方面

① 当进行焊条电弧焊时，焊接电流不能过大，否则，焊条发红，焊条药皮提前分解，将会失去保护作用。

② 焊接速度不能太快。

③ 对于碱性焊条，要采用短弧进行焊接，防止有害气体侵入。

④ 焊前预热可以减慢熔池的冷却速度，有利于气体的浮出。

⑤ 选择正确的焊接规范，运条速度不应过快。

三、焊缝中的夹杂物

焊缝中的夹杂物是指焊接冶金反应产生的、焊后残留在焊缝金属中的微粒非金属杂质，如氧化物、硫化物等。

当焊缝或母材金属中有夹杂物存在时，会降低塑性和韧性，还会增加热裂纹和层状撕裂的敏感性。因此，在焊接生产中应设法防止焊缝中有夹杂物存在。

1. 焊缝中夹杂物产生的原因

焊缝中夹杂物的组成及分布形式多种多样，其产生的原因与母材成分、焊接方法与焊接材料有关。焊缝中常见的夹杂物主要有以下三种类型。

1）氧化物夹杂

在焊接一般钢铁材料时，焊缝中或多或少地存在一些氧化物夹杂，其主要组成是 SiO_2，其次是 MnO、TiO_2 及 Al_2O_3 等。氧化物夹杂一般以硅酸盐的形式存在。这类夹杂物的熔点大多比母材低，在焊缝凝固时最后凝固，因而往往是造成热裂纹的主要原因。

2）硫化物夹杂

硫化物夹杂主要来自焊条药皮或焊剂原材料，经过冶金反应而过渡到熔池中。当母材或焊丝中含硫量偏高时，也会形成硫化物夹杂。

钢中的硫化物夹杂主要以 MnS 和 FeS 的形式存在，其中 FeS 的危害更大。硫在铁中的溶解度随温度下降而降低，当熔池中含有较多的硫时，在冷却过程中硫将从固溶体中析出并与锰、铁等反应而成为硫化物夹杂。

3）氮化物夹杂

氮主要来源于空气，只有在保护不良时才会出现较多的氮化物夹杂。

当焊接低碳钢和低合金钢时，氮化物夹杂主要以 Fe_4N 的形式存在。当氮化物夹杂较多时，金属的强度、硬度上升，塑性、韧性明显下降。

2. 焊缝中夹杂物的防止措施

1）冶金方面的措施

① 正确选择焊条、焊剂的渣系，以保证熔池能进行较充分的脱氧与脱硫。

② 严格控制母材、焊丝及焊条药皮（或焊剂）原材料中的杂质含量。

2）工艺方面的措施

① 选用合适的焊接热输入，保证熔池有必要的存在时间。

② 当进行多层焊时，每一层焊缝（特别是打底层焊缝）焊完后，必须彻底清理焊缝表面的焊渣，以防止残留的焊渣在焊接下一层焊缝时进入熔池而形成夹杂物。

③ 当进行焊条电弧焊时，焊条进行适当摆动以利于夹杂物的浮出。

④ 施焊时注意保护熔池，控制电弧长度，防止空气侵入。

学习活动 3 板对接立焊操作

 **学习目标**

1. 会进行板对接立焊的引弧、运条、收弧、接头和收尾操作；
2. 能根据焊缝间隙大小合理选择操作方法；
3. 能进行板对接立焊打底层单面焊双面成形及填充层与盖面层操作。

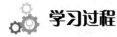 **学习过程**

一、焊前准备

设备、材料和工量具准备与板对接平焊相同。坡口加工、焊前清理、钝边、组对及定位操作也与板对接平焊相同。焊接工艺参数见表 6-2。

表 6-2　焊接工艺参数

焊接层次	运条方法	焊条直径/mm	焊接电流/A
打底层	灭弧法	3.2	90～100
填充层（1～2 层）	锯齿形运条法或反月牙形运条法	3.2	90～100
盖面层	锯齿形运条法	3.2	90～95

二、操作要领

1. 打底层焊接

打底层焊接要求单面焊双面成形，通常采用灭弧法，主要有 5 个环节，即引弧、运条、收弧、接头和收尾。打底层焊接的焊条角度为 60°～80°，如图 6-1 所示。

（1）引弧。先从焊件下边定位处引弧，然后拉长电弧预热 2～3 秒后迅速压短电弧，待看到定位焊缝及坡口根部金属熔化形成熔池，听到"噗、噗"声后，立即熄弧，此时在根部看到一个小熔孔。

（2）运条。当熔池金属的颜色由亮变暗时，迅速在熔池的 1/2 处引弧，先从坡口一侧运条到另一侧稍做停留，然后向上方灭弧，这时在根部看到一个新熔孔。当新熔池颜色刚开始变暗时，立即在刚熄弧的坡口那一侧位置引弧，压弧之后运条到另一侧稍做停留，听到"噗、噗"声后立即灭弧。这样左右击穿周而复始，直至完成打底层焊接。当运条时，可根据焊缝间隙确定焊条的摆动速度和摆动周期，在间隙较好的情况下，焊条来回摆动一个周期后灭弧；当间隙较小时，摆动两个周期后灭弧；当间隙较大时，摆动半个周期后灭弧。

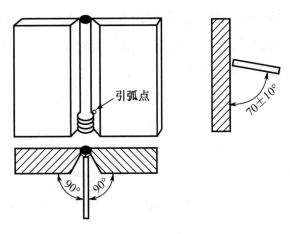

图 6-1　焊条角度

灭弧法要求每一个熔滴都被准确送到欲焊位置，引弧、灭弧节奏应控制为 40～45 次/分钟。节奏过快，坡口根部熔不透；节奏过慢，熔池温度过高，焊件背面焊缝会超高，甚至出现焊瘤和烧穿现象。要求每形成一个熔池都要在其前面出现一个熔孔，熔孔以大于根部间隙 1～2mm 为宜（见图 6-2），运条间距要均匀准确，其间距应始终保持熔池之间有 1/2 的搭接量。

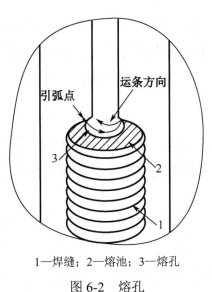

1—焊缝；2—熔池；3—熔孔

图 6-2　熔孔

（3）收弧。即将更换焊条前，压短电弧在熔池边缘快速过渡 1～2 滴铁水，以使熔池缓慢冷却，防止焊缝形成冷缩孔，随即灭弧。收弧后在熔池处应保留一个熔孔，便于以后接头。

（4）接头。接头分为热接头和冷接头两种。

① 热接头。当熔池还处在红热状态时，在熔池上方约 15mm 坡口内引弧，迅速将电弧拉长至收弧熔池处预热 1～2 秒后，边稍摆动焊条边向下轻压一下电弧，待背面听到"噗、噗"

声后，稍做停留，再灭弧转入正常焊接流程。停留时间要合适，若时间过长，则根部背面容易形成焊瘤；若时间过短，则不易接上接头或背面容易形成内凹。要特别注意，热接头时更换焊条的动作越快越好。

② 冷接头。熔池已经冷却后，接头前最好用角向磨光机或錾子将焊道收弧处打磨成长约10mm 的斜坡。在斜坡处引弧并拉长电弧预热，当焊接到斜坡最低处时，将电弧轻轻压一下，待背面听到"噗、噗"声后，稍做停留再恢复正常焊接流程。

热接头和冷接头的操作方法基本相同，只是焊条压弧时停留的时间长短不同，热接头时间短一些，冷接头时间则长一些。

（5）收尾。当焊接到离末端定位处 2～3mm 时，不要灭弧，采用画圆圈摆动法使定位处熔化，并轻轻压一下电弧，使定位处熔合良好，并填满弧坑。

在实际焊接生产过程中，坡口加工等因素会导致焊缝间隙宽窄不一致，就需要根据具体情况，采取不同的操作方法。

（1）当间隙较好（3.2～4mm）时，采用半击穿法焊接，焊条摆动如图 6-2 中的"运条方向"所示。

（2）当间隙较小（<3mm）时，可增大焊接电流或使用小直径的焊条，以使背面焊透。也可让焊条不摆动，采用完全击穿法（在熔池中间引弧）焊接，当采用此法焊接时，重新接弧的频率要快些，待熔池颜色还呈红色时就重新接弧，此时，熔孔相对较大。当间隙过小时，可采用连弧焊和断弧焊交替使用的方法。

（3）当间隙较大（>5mm）时，可适当减小焊接电流或采用不击穿法和两点法焊接。在不减小焊接电流的情况下，电弧不能伸入坡口内太深，焊条摆动的速度要快些，而重新接弧的频率要慢些，否则背面焊缝容易超高和产生焊瘤。

2．填充层焊接

填充层焊接是板材对接焊的关键，要根据打底时的焊缝正面厚度确定填充的层数，本学习情境中可填充一层或两层。填充层焊接前要彻底清除打底层焊道的熔渣，若接头部位有超高的现象，则要铲平后再施焊。

在距焊缝起焊端上方约 15mm 处引弧后，将电弧迅速移至起焊端施焊，采用锯齿形运条法或反月牙形运条法，焊条角度为 60°～70°。若填充两层焊道，则每层焊道焊前应对前一层焊道仔细清渣，特别是死角处。填充层焊接时应注意以下几点。

（1）运条时在坡口两侧要稍做停留，中间稍快，保证两侧有一定的熔深并使填充层焊道不凸起，每层的焊道厚度不要太大，防止产生中间超高的现象。

（2）最后一层焊缝高度要求低于母材 0.5～1mm，且要求平整，不能熔化坡口两侧的棱边，以便盖面时能掌握焊缝的宽度。

（3）接头方法如图 6-3 所示，采用回焊法。

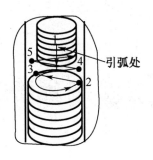

图 6-3　接头方法

3．盖面层焊接

盖面层焊接的焊条角度约为 70°，运条和接头方法与填充层焊接基本相同。当焊条左右摆动时，在坡口边缘稍做停留，熔化坡口棱边 1～2mm。当焊条从一侧到另一侧时，中间电弧稍抬高一点，观察熔池形状，而两侧电弧一定要压短。当焊条摆动时，要注意摆动幅度一致，运条速度均匀。同时，注意观察坡口两侧的熔化状况，施焊时在坡口两侧稍做停留，以使焊缝两侧熔合良好，避免产生咬边现象。

4．注意事项

（1）当进行打底层焊接时，一定要注意将焊条伸向坡口根部钝边处，使钝边都熔化，灭弧动作要果断、迅速，保持熔孔大小一致。要根据焊缝间隙和熔池温度的变化情况，采取不同的操作方法，不能拘泥于一种方法，要灵活应变。这样，才不至于出现焊瘤、未焊透等缺陷。

（2）在焊接过程中，要分清熔渣和铁水，避免产生夹渣。

（3）当操作时，要密切注意熔池形状。当熔池下部边缘由比较平直的轮廓逐步鼓肚或变圆时，表示熔池温度已稍高或过高（见图 6-4），应立即灭弧，降低熔池温度，从而避免产生超高和焊瘤。

温度正常　　　　　温度稍高　　　　　温度过高

图 6-4　熔池形状变化

🔧 安全提示

1．穿戴好劳保用品；

2．使用半自动火焰切割机和角向磨光机时要注意安全，佩戴墨镜和平光防护眼镜；

3．钢板要夹紧、放置牢固；

4．敲焊渣时要用面罩盖住焊缝，防止焊渣溅入眼睛。

学习活动 4　作品考核与评价

 学习目标

1. 能讲述焊件的制作工艺或过程，指出存在的问题；
2. 能客观地评价自己和他人；
3. 具有团队合作精神及一定的语言表达和沟通能力。

学习过程

【评价与分析】

本学习情境学习结束后，需要考核与评价。

每个学生首先介绍自己焊件的制作工艺或过程，然后进行表 6-3 中的自我评价，最后教师进行评价和焊件检测。板对接立焊作品考核评价表见表 6-4，总成绩表见表 6-5。

表 6-3　工作任务过程评价表

班级＿＿＿＿＿＿　学生姓名＿＿＿＿＿＿　组名＿＿＿＿＿＿　学号＿＿＿＿＿＿

项目	自我评价/分			小组评价/分			教师评价/分		
	10～9	8～6	5～1	10～9	8～6	5～1	10～9	8～6	5～1
	占总评 10%			占总评 30%			占总评 60%		
劳保着装									
安全文明									
纪律观念									
工作态度									
时间及效率观念									
学习主动性									
团队协作精神									
设备规范操作									
成本和环保意识									
实训周记写作能力									
小计/分									
总评/分									

任课教师：　　　　　　　年　　月　　日

表6-4　板对接立焊作品考核评价表

外观考核配分及评分标准　　　评分人＿＿＿＿＿＿　姓名＿＿＿＿＿＿　总分＿＿＿＿＿＿

序号	检测项目		配分/分	考核技术要求	实测记录	扣分/分	得分/分
1	余高	正面	6	0～3mm；每超0.5mm扣1分			
		背面	6	0～3mm；每超0.5mm扣1分			
2	余高差	正面	6	每1mm扣1分			
		背面	6	每1mm扣1分			
3	表面宽度		6	允许14～18mm；每超0.5mm扣1分			
4	宽度差		6	每1mm扣1分			
5	夹渣	正面	6	无夹渣。点渣＜2mm，每点扣2分；条、块渣＞2mm，0分			
		背面	4	无夹渣。点渣＜2mm，每点扣2分；条、块渣＞2mm，0分			
6	咬边		8	深度＜0.5mm，每5mm扣1分；深度＞0.5mm，0分			
7	未焊透		8	无未焊透。如有，则每2mm扣1分；总长＞10mm，0分			
8	未熔合		8	无未熔合。如有，则每2mm扣1分；总长＞10mm，0分			
9	背面内凹		4	深度为0～1mm，每5mm扣1分			
10	缩孔（含气孔）		4	每个扣2分			
11	错边与角变形		4	错边≤1mm，超1mm扣1分；角变形≤3°，超1°扣1分			
12	弧坑		4	每处弧坑（含起焊端未焊满）扣2分			
13	焊缝成形		8	焊缝整齐、波纹细密、均匀、光滑、高低宽窄一致 优　8分／良　6分／中　4分／差　0分			
14	试件清洁		2	视飞溅、焊渣和电弧擦伤情况扣分			
15	安全文明生产		4	服从劳动管理、穿戴好劳保用品，按规定安全技术要求操作			

表6-5　总成绩表

类别	单项成绩/分	权重比例	小计/分
工作任务过程评价		10%	
网络线上学习		30%	
作品考核评价		60%	
总分/分			

板对接横焊

板对接横焊是《国家职业技能标准-焊工》(2018 年版) 中要求中级焊工掌握的技能之一，通过该技能的学习，学生可以为后续垂直固定管焊接打下基础。

学习目标

1. 能读懂工作任务书和查阅相关资料；
2. 了解热裂纹和冷裂纹的特征；
3. 了解结晶裂纹的产生原因；
4. 掌握防止结晶裂纹产生的工艺措施；
5. 掌握形成冷裂纹的三个要素；
6. 掌握防止冷裂纹的措施；
7. 掌握多层多道焊操作方法；
8. 能进行板对接横焊打底层单面焊双面成形、填充层和盖面层操作；
9. 具备安全、环保、团队协作意识和沟通能力；
10. 养成良好的职业道德和成本意识。

学习内容

1. 识图和查阅资料；
2. 裂纹的特征及危害；
3. 焊接结晶裂纹；
4. 焊接冷裂纹；

5. 防止焊接冷裂纹的措施；

6. 板对接横焊打底层单面焊双面成形、填充层和盖面层多层多道焊操作；

7. 作品考核与评价。

建议学时：56 学时

学习情境描述：

板对接横焊是《国家职业技能标准-焊工》（2018 年版）中中级焊工的考核内容，单面焊双面成形是打底层焊接的关键。在理论知识方面，要求学生了解热裂纹和冷裂纹的特征、结晶裂纹的产生原因；掌握防止结晶裂纹产生的工艺措施、形成冷裂纹的三个要素及防止冷裂纹的措施。在实际操作方面，要求学生掌握正确的焊条角度，严格控制弧长、熔池温度和运条速度，合理分配层间焊道。此外，要培养学生养成良好的职业道德，以及在安全、环保、成本、团队协作和沟通等方面的意识。

学习流程与内容：

学习活动 1：工作任务书识读。

学习活动 2：基础理论学习。

学习活动 3：板对接横焊操作。

学习活动 4：作品考核与评价。

学习活动 1　工作任务书识读

学习目标

1. 能看懂简单的图纸和技术要求；

2. 能通过网络和相关书籍查阅资料。

学习过程

教师下发表 7-1 所示的工作任务书，学生以小组为单位通过网络和相关书籍查阅资料后，确定工作任务方案。

表7-1 工作任务书

任务名称	板对接横焊

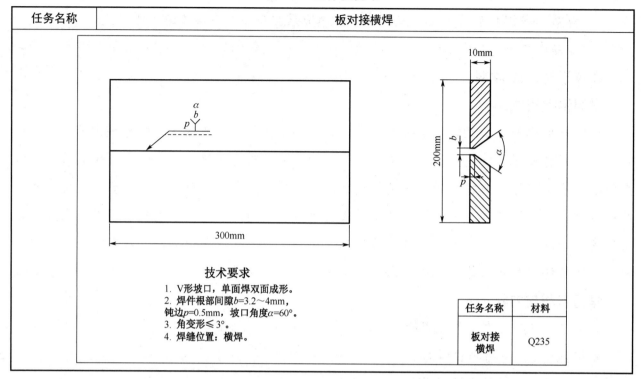

技术要求

1. V形坡口，单面焊双面成形。
2. 焊件根部间隙b=3.2～4mm，
   钝边p=0.5mm，坡口角度α=60°。
3. 角变形≤3°。
4. 焊缝位置：横焊。

任务名称	材料
板对接横焊	Q235

学习活动 2 基础理论学习

学习目标

1. 了解热裂纹和冷裂纹的特征；
2. 了解结晶裂纹的产生原因；
3. 掌握防止结晶裂纹产生的工艺措施；
4. 掌握形成冷裂纹的三个要素；
5. 掌握防止冷裂纹的措施。

学习过程

一、裂纹的分类及特征

裂纹是指在焊接应力及其他致脆因素共同作用下，焊接接头中局部区域的金属原子结合遭到破坏而形成的新界面所产生的间隙。它具有尖锐的缺口和长宽比大的特征。裂纹是焊接生产中比较常见且十分严重的一种焊接缺陷。

由于母材和焊接结构不同，焊接生产中可能会出现各种各样的裂纹。平行于焊缝的裂纹称为纵向裂纹，垂直于焊缝的裂纹称为横向裂纹，产生在收尾弧坑处的裂纹称为火口裂纹或弧坑裂纹。从产生裂纹的本质来看，裂纹大致分为热裂纹、冷裂纹、再热裂纹和层状撕裂。焊缝裂纹分布形态如图 7-1 所示。

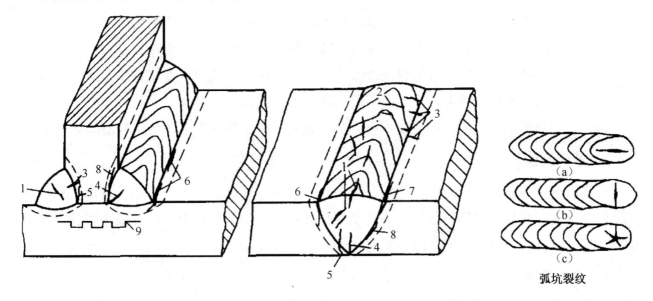

1—焊缝中的纵向裂纹与弧形裂纹；2—焊缝中的横向裂纹（多为冷裂纹）；3—熔合区附近的横向裂纹（多为冷裂纹）；
4—焊缝根部裂纹（冷裂纹、热裂纹）；5—近缝区根部裂纹（冷裂纹）；6—焊趾处纵向裂纹（冷裂纹）；
7—焊趾处纵向裂纹（液化裂纹）；8—焊道下裂纹（冷裂纹、液化裂纹）；9—层状撕裂；
（a）—弧坑纵向裂纹；（b）—弧坑横向裂纹；（c）—弧坑星形裂纹

图 7-1　焊缝裂纹分布形态

1．热裂纹

在焊接过程中，焊缝和热影响区金属冷却到固相线附近高温区产生的裂纹称为热裂纹。热裂纹可分为结晶裂纹（凝固裂纹）和液化裂纹等。热裂纹的主要特征如下。

（1）产生的温度和时间。热裂纹一般产生在焊缝的结晶过程中，在焊缝金属凝固后的冷却过程中还可能继续发展。所以，热裂纹的发生和发展都处在高温下，从时间上来说，是处于焊接过程中的。

（2）产生的部位。热裂纹绝大多数产生在焊缝金属中，有的是纵向裂纹，有的是横向裂纹，发生在弧坑中的热裂纹往往呈星形。

（3）外观特征。热裂纹或者处在焊缝中，或者处在焊缝两侧的热影响区中，其方向与焊缝的波纹线相垂直，露在焊缝表面的热裂纹有明显的锯齿形状。

（4）金相结构上的特征。从焊接裂纹的金相断面上看，热裂纹都发生在晶界上，晶界就是交错生长的晶粒的轮廓线，因此，热裂纹的外形一般呈锯齿形状。

2. 冷裂纹

冷裂纹是焊接接头冷却到较低温度（对钢来说是马氏体转变温度以下）时产生的裂纹。冷裂纹的主要特征如下。

（1）产生的温度和时间。冷裂纹产生的温度通常在马氏体转变温度范围内，为200～300℃。冷裂纹可以在焊后立即出现，也可以在延迟几小时、几周，甚至更长的时间后出现，所以冷裂纹又称为延迟裂纹。这种延迟产生的裂纹在生产中难以检测，其危害更为严重。

（2）产生的部位。冷裂纹大多产生在母材或母材与焊缝交接的熔合线上。

（3）外观特征。冷裂纹多数是纵向裂纹，在少数情况下，也可能是横向裂纹，其显露在接头金属表面的冷裂纹断面上，没有明显的氧化色彩，所以裂口发亮。

（4）金相结构上的特征。冷裂纹一般为穿晶裂纹，在少数情况下，也可能沿晶界发展。

3. 液化裂纹

在热影响区熔合线附近产生的热裂纹称为液化裂纹。液化裂纹的产生原因基本上与结晶裂纹相似，即在焊接热循环作用下，不完全熔化区晶界的易熔杂质有一部分发生熔化，形成液态薄膜，在拉应力的作用下，沿液态薄膜形成细小的裂纹。

4. 再热裂纹

当焊件焊后在一定温度范围内再次被加热时，由于高温及残余应力的共同作用而产生的晶间裂纹，称为再热裂纹，也叫作消除应力裂纹。

5. 层状撕裂

层状撕裂是指焊接时，在焊接构件中沿钢板轧层形成的呈阶梯状的一种裂纹。

裂纹是严重的焊接缺陷，这不仅因为裂纹会造成接头强度降低，还因为裂纹两端的缺口效应会造成严重的应力集中，很容易使裂纹扩展而造成宏观开裂或整体断裂。因此，在焊接生产中，裂纹一般是不允许存在的。

二、结晶裂纹

结晶裂纹是在焊缝凝固过程的后期所形成的裂纹，又称凝固裂纹，是常见的热裂纹。在焊缝结晶过程中，当焊缝冷却到固相线附近时，由于凝固金属的收缩，残余液体金属不足，且不能及时填充，在应力作用下发生沿晶界的开裂。

1. 结晶裂纹的特征

结晶裂纹主要产生在含杂质（硫、磷、碳、硅）偏高的碳钢、低合金钢，以及单相奥氏体不锈钢、镍基合金与某些铝合金焊缝中。结晶裂纹一般沿焊缝枝状晶粒的交界处发生和扩展，常表现为焊缝中心沿焊缝长度扩展的纵向裂纹。

2. 结晶裂纹产生的原因

裂纹是一种局部的破坏。要造成这种破坏必然有力的作用，且当作用力大于其抵抗能力时，破坏才会发生。在焊缝凝固结晶过程中，液态的焊缝金属变成固态，体积要缩小，同时凝固后的焊缝金属在冷却过程中会收缩，而焊缝周围的金属阻碍了上述这些收缩，这样焊缝就受到了一定的拉应力。在焊缝刚开始凝固结晶时，这种拉应力就产生了，但这时的拉应力不会引起裂纹，因为此时晶粒刚开始生长，液态金属比较多，流动性较好，可以在晶粒之间自由流动，因而由拉应力造成的晶粒间的间隙都能被液态金属填满。我们知道，在金属结晶过程中，先结晶的金属比较纯，后结晶的金属中含有较多的杂质，这些杂质会被不断生长的柱状晶体推向晶界，并聚集在晶界上。杂质中的硫、磷、碳、硅等都能形成熔点较低的共晶体，如一般碳钢和低合金钢的焊缝在含硫量较高时，会形成 FeS，而 FeS 与铁发生作用能够形成熔点只有 988℃的低熔点共晶体。当焊缝温度继续下降，大部分液态焊缝已凝固时，这些低熔点共晶体由于熔点较低仍未凝固，从而在晶界间形成了一层液态夹层，即液态薄膜。液态金属本身不具有抗拉能力，这层液态薄膜使得晶粒与晶粒之间的结合力大为削弱。这样，在已增大的拉应力的作用下，柱状晶体的间隙增大。此时仅靠低熔点共晶体无法填充扩大了的间隙，于是产生了裂纹。

由此可见，拉应力是产生结晶裂纹的外因，晶界上的低熔点共晶体是产生结晶裂纹的内因。结晶裂纹是焊缝中存在的拉应力通过作用在晶界上的低熔点共晶体造成的。如果没有低熔点共晶体存在，或者其数量很少，则晶粒与晶粒之间的结合比较牢固，即使有拉应力的作用，也不会产生裂纹。

3. 防止结晶裂纹产生的措施

防止结晶裂纹主要从冶金和工艺方面来着手考虑。

1）防止结晶裂纹的冶金措施

（1）控制焊缝中硫、磷、碳、硅等杂质元素的含量。

硫、磷、碳、硅等杂质元素主要来源于母材和焊接材料，因此首先要控制母材、焊接材料中的杂质含量，使焊接材料中的硫、磷、碳、硅的含量均低于同牌号的母材。

（2）提高焊丝的含锰量。

锰能与 FeS 作用生成 MnS，MnS 的熔点较高，并且不与其他元素形成低熔点共晶体，可减少硫的有害作用。一般含锰量低于 2.5%时，锰对减少结晶裂纹是有利的。

（3）对熔池进行变质处理。

通过对熔池进行变质处理细化晶粒，不仅可以提高焊缝金属的力学性能，还可以提高焊缝的抗结晶裂纹能力。

（4）形成双相组织。

当焊接奥氏体不锈钢时，焊缝形成 A+F（<5%）的双相组织，不仅打乱了奥氏体的方向

性，使焊缝组织变细，还提高了焊缝的抗结晶裂纹能力。

（5）调整熔渣的碱度。

实验证明，焊接熔渣的碱度越高，熔池中脱硫、脱磷越完全，杂质越少，从而越不容易形成低熔点共晶体，可以显著降低焊缝金属中结晶裂纹的产生倾向。因此，当焊接较重要的产品时，应选用碱性焊条或焊剂。

2）防止结晶裂纹的工艺措施

采用合适的工艺措施不仅可改善焊缝的形状，还可有效减小焊接应力，防止结晶裂纹的产生。

（1）控制焊缝成形系数。

当熔焊时，在单道焊缝截面上焊缝宽度（B）与焊缝计算厚度（H）的比值（$\Phi=B/H$），称为焊缝成形系数。焊缝成形系数不同，会影响柱状晶体长大的方向和区域偏析的情况，如图 7-2 所示。一般来说，提高焊缝成形系数可以提高焊缝的抗结晶裂纹能力。

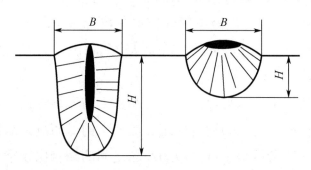

图 7-2　不同焊缝成形系数时的结晶情况

为了调整焊缝成形系数，必须合理选用焊接工艺参数，在一般情况下，焊缝成形系数随电弧电压升高而增大，随焊接电流增大而减小。当焊接热输入不变时，焊接速度越快，裂纹产生倾向越大。

（2）调整冷却速度。

冷却速度越快，焊接应力越大，结晶裂纹产生的倾向越大。降低冷却速度可通过调整焊接工艺参数或预热来实现。用增大焊接热输入来降低冷却速度的效果是有限的，采用预热则效果明显。

（3）调整焊接顺序，降低拘束应力。

接头刚度越大，焊缝金属冷却收缩时受到的拘束应力越大。当产品尺寸一定时，合理安排焊接顺序，对降低接头刚度、减小焊接应力有明显效果，从而可以有效防止结晶裂纹的产生。对图 7-3 所示的钢板拼焊，可选择不同的焊接顺序。方案Ⅰ为先焊焊缝 1，后焊焊缝 2、焊缝 3；方案Ⅱ为先焊焊缝 2、焊缝 3，后焊焊缝 1。若采用方案Ⅰ，则各焊缝在纵向及横向上都有收缩余地，内应力较小。若采用方案Ⅱ，则在焊接焊缝 1 时其横向和纵向收缩都受到上、下两焊缝的限制，收缩较困难，焊接应力大，容易产生裂纹。

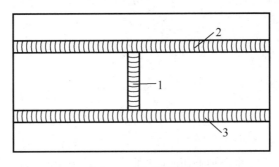

图 7-3　钢板拼焊

三、冷裂纹

冷裂纹与热裂纹不同，它是在焊后较低温度下产生的。通常将焊接接头冷却到较低温度（对钢来说是马氏体转变温度以下）时产生的裂纹，统称为冷裂纹。由于大多数冷裂纹具有延迟性，焊后不易及时发现，因此在由焊接裂纹引发的事故中，冷裂纹造成的事故约占 90%。

1．冷裂纹的类型

根据冷裂纹产生的部位不同，通常将冷裂纹分为如下三种。

（1）焊道下裂纹。焊道下裂纹是在靠近堆焊焊道的热影响区中所形成的焊接冷裂纹，如图 7-4 所示。其走向与熔合线大体平行，有时也垂直于熔合线。焊道下裂纹一般不显露于焊缝表面。焊道下裂纹产生的部位没有明显的应力集中，也无大的收缩应力。

（2）焊趾裂纹。焊缝表面与母材的交界处叫作焊趾。如图 7-4 所示，沿应力集中的焊趾处所形成的焊接冷裂纹，称为焊趾裂纹。焊趾裂纹一般向热影响区的粗晶区扩展，有时也向焊缝扩展。

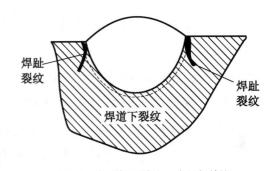

图 7-4　焊道下裂纹及焊趾裂纹

（3）焊根裂纹。沿应力集中的焊缝根部所形成的焊接冷裂纹，称为焊根裂纹，也称根部裂纹，主要发生在含氢量较高、预热不足的情况下。焊根裂纹可能出现在热影响区的粗晶区，也可能出现在焊缝中，这取决于母材和焊缝的强韧度及根部的状态。焊根裂纹的照片如图 7-5 所示。

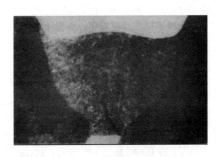

图 7-5　焊根裂纹的照片

2．冷裂纹产生的原因

1）形成冷裂纹的三个要素

钢种的淬硬倾向、焊接接头中扩散氢的含量及分布、焊接接头所受的拘束应力是形成冷裂纹的三个要素。

（1）钢种的淬硬倾向。

大量实验证明，焊接接头的淬硬倾向主要取决于钢种的化学成分，其次是焊接工艺、结构板厚及冷却条件等。一般来说，钢种的淬硬倾向越大，出现马氏体的可能性越大，越容易产生冷裂纹。

（2）焊接接头中扩散氢的含量及分布。

在焊接条件下，焊接材料中的水分、焊件坡口附近的油污及铁锈和空气中的湿气都是焊缝金属中富氢的主要原因。焊条药皮中的水分含量越多，空气中的湿气浓度越大，则焊缝中的扩散氢含量越多。

在焊接过程中，由于电弧的高温作用，氢分解成原子或离子状态，并大量溶解于焊接熔池中。在随后冷却和凝固的过程中，由于溶解度的急剧下降，氢极力向外逸出。但由于焊接条件下冷却速度较快，多余的氢来不及逸出而残存在焊缝金属的内部，从而使焊缝中的氢处于过饱和状态。焊缝中的含氢量与焊条的类型、烘干温度和焊后的冷却速度有关。

实践证明，扩散氢是导致焊接接头产生冷裂纹的重要因素。有时把这种由氢引起的冷裂纹称为氢致裂纹。焊缝中随着扩散氢含量的增加，冷裂纹生成率提高。

（3）焊接接头所受的拘束应力。

焊接接头所受的拘束应力主要来自三个方面：一是焊接过程中不均匀加热和冷却所产生的热应力；二是金属结晶相变时体积变化而引起的组织应力；三是结构自身拘束条件（包括结构刚性、焊接顺序、焊缝位置等）造成的内应力。这三个方面的应力都是不可避免的，由于它们都与拘束条件有关，因此统称为拘束应力。拘束应力是形成冷裂纹的重要因素之一，当其他条件一定时，材料的拘束应力达到一定数值就会产生开裂。

2）三个要素的作用及其关系

实践研究证明，上述三个要素既相互联系，又相互促进，不同条件下起主要作用的因素不同。例如，当扩散氢的含量较高时，即使马氏体的数量或拘束应力比较小，材料也有可能开裂（如焊道下裂纹）。当材料的含碳量较高而在焊接接头中形成较多的针状马氏体时，即使扩散氢很少甚至没有，也会产生冷裂纹。

3．防止冷裂纹的措施

根据冷裂纹产生的条件和影响因素，防止冷裂纹一般采取下列措施。

1）选用对冷裂纹敏感性低的母材

母材的化学成分不仅决定了其自身的组织与性能，还决定了所用的焊接材料，因而对焊接接头的冷裂纹敏感性有着决定性作用。在化学成分中，碳对冷裂纹敏感性影响最大，选用低碳多元合金钢材，可以有效提高焊接接头的抗冷裂纹性能。

2）严格控制氢的来源

（1）选用优质焊接材料或低氢的焊接方法。目前，对不同强度等级的钢种，都有配套的焊条、焊丝和焊剂，基本上满足了生产的要求。对于重要结构，则应选用超低氢、高强度、高韧性的焊接材料。二氧化碳气体保护焊因二氧化碳气体具有氧化性，可以获得低氢焊缝。

（2）严格按规定对焊接材料进行烘干（使用时携带保温筒，随用随取，防止焊条再次吸潮）及进行焊前清理工作。

3）提高焊缝金属的塑性和韧性

（1）通过焊接材料向焊缝过渡钛、铌、钼、钒、硼、碲等元素来韧化焊缝，利用焊缝的塑性储备减轻热影响区的负担，从而降低整个焊接接头的冷裂纹敏感性。

（2）采用奥氏体焊条焊接某些淬硬倾向较大的中、低合金高强度钢，以较好地防止冷裂纹。

4）焊前预热

焊前预热可以有效降低冷却速度，从而改善焊接接头组织，减小拘束应力，并有利于氢的析出，从而有效地防止冷裂纹，是生产中常用的方法。影响预热温度的因素有以下方面。

（1）钢种的强度等级。

在焊缝与母材等强度的情况下，钢种的强度 σ_s 越高，预热温度 t_0 应越高。

（2）焊条类型。

不同类型焊条的焊缝金属扩散氢含量不同，预热温度亦不同，焊缝金属中扩散氢含量越低，预热温度越低。当用奥氏体焊条焊接时，扩散氢含量低，可以不预热。因此，用低氢（或超低氢）焊条焊接高强度钢，可以降低预热温度。当用奥氏体焊条焊接时，除扩散氢含量低外，焊缝金属具有优良的塑性，也是影响预热温度的一个重要因素。

（3）坡口形式。

一般来说，坡口根部所造成的应力集中越严重，要求的预热温度越高。

（4）环境温度。

环境温度过低会使冷却速度加快，预热温度就相应提高，但一般提高的幅度不超过 50℃。

5）控制焊接热输入

焊接热输入增大可以降低冷却速度，从而降低冷裂纹产生倾向。但焊接热输入过大，则可能造成焊缝及过热区的晶粒粗化，粗大的奥氏体一旦转变为粗大的马氏体，冷裂纹产生倾向反而增高。因此，通过调整焊接热输入来降低冷裂纹产生倾向的效果是有限的。

6）焊后热处理

焊后进行不同的热处理，可分别起到消除扩散氢、降低和消除残余应力、改善焊接接头组织和性能等作用。焊后常用的热处理工艺有消氢处理，消除应力退火、正火和淬火，具体选用哪种工艺视产品的要求而定。

学习活动 3 板对接横焊操作

 学习目标

1. 能掌握板对接横焊的焊条角度；
2. 能掌握多层多道焊操作方法。

学习过程

一、焊前准备

板对接横焊的设备、材料、工量具和板对接平焊相同。坡口加工、焊前清理、钝边、组对及定位操作也与板对接平焊相同，但预留反变形量比板对接平焊大些。焊件尺寸如图 7-6 所示，焊接工艺参数见表 7-2。

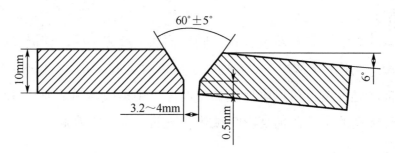

图 7-6 焊件尺寸

表 7-2 焊接工艺参数

焊接层次	运条方法	焊条直径/mm	焊接电流/A
打底层（第一层）	灭弧法	3.2	90～100
填充层（第二层）	直线形运条法或斜圆圈形运条法	3.2	105～110
盖面层（第三层）	直线形运条法	3.2	105～110

二、操作要领

1. 打底层焊接

打底层焊条角度如图 7-7 所示。

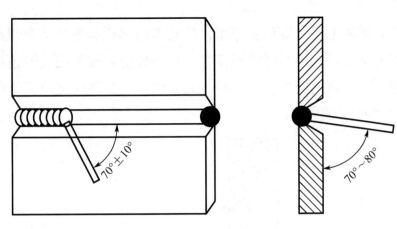

图 7-7　打底层焊条角度

（1）引弧。先在左边定位处坡口内引弧，然后压短电弧回焊至定位处，当坡口钝边即将熔化时，将熔滴送至坡口根部，并压一下电弧，在定位处形成第一个熔池，当听到背面有"噗、噗"声后立即灭弧，这时已形成明显的熔孔。

（2）运条。运条方法分为焊条摆动法和焊条不摆动法。

① 焊条摆动法。焊接时采用先上坡口、后下坡口反复击穿灭弧法，当焊条摆动到下坡口时要稍做停留，使下坡口钝边熔合良好。灭弧时焊条向后下方快速动作，要干净利落。在从灭弧转入引弧时，焊条要接近熔池，待熔池温度下降，颜色由亮变暗时，迅速而准确地在原熔池上引弧焊接片刻，再马上灭弧，如此循环往复地引弧→焊接→灭弧→准备→引弧。焊接时要求下坡口击穿的熔孔始终超前上钢板坡口的熔孔 0.5～1 个熔孔直径，这样有利于减小金属下坠倾向，避免出现熔合不良的缺陷。

② 焊条不摆动法。当组对间隙小于焊条直径（约为 3.2mm）时，采用中间击穿法（在熔池中间引弧）焊接，此时焊条不摆动或摆动幅度很小。当焊接时，在熔池中间击穿钝边，稳弧后再灭弧。此法操作简单、易学，并且焊缝背面不易咬边和内凹。

（3）接头。更换焊条动作要迅速，在熔池前方 10mm 处坡口内引弧并回焊至待接头处，待熔池温度升高时，往里轻轻压一下电弧，当听到背面有"噗、噗"声，并稍做停留后，再进入正常的反复击穿焊接流程。当焊接到定位反接头处时不要灭弧，采用连续焊使反接头处熔合良好。

2. 填充层焊接

填充层焊接采用多层多道焊。由坡口下方开始焊接，逐道向上排列，焊条角度如图 7-8 所示。根据打底层的焊缝厚度情况填充 1～2 层，运条方法采用直线形运条法或斜圆圈形运条法，填充层第一道焊缝不要熔掉下坡口边缘线，每层最后一道焊缝要使上坡口熔合良好，避免夹渣。在焊接过程中，要保持较短的电弧和均匀的焊接速度，并且每道焊缝的焊条角度要根据焊道熔化情况进行相应的调整，每道焊缝覆盖前道焊缝 1/2 左右。当采用斜圆圈形运条法时，每个斜圆圈与焊缝中心线的斜度不得大于 45°，这样才不会使熔化金属下淌，焊条运行到斜圆圈上面时要稍做停留，使较多的熔化金属过渡到焊缝中去，然后慢慢地将电弧引到焊道下边，保持焊缝成形良好。每条焊道应排列在前一条焊道形成的夹角处，以便保持焊缝平滑。填充层焊缝应平整、无夹渣，而且要保证填充量稍低于焊件表面0.5～1mm，以助于盖面层的焊接。

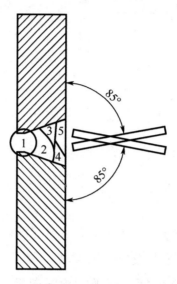

图 7-8　填充层焊条角度

3. 盖面层焊接

盖面层焊接采用多层多道焊、直线形运条法，分三道焊缝焊接。盖面层焊条角度如图 7-9 所示。当焊接第一道焊缝时，以下坡口边缘线为参照线，并熔去坡口线 1～2mm，短弧焊接；当焊接第二道焊缝时，运条速度略慢于第一道，且第二道焊缝下边缘线要压在第一道焊缝的最高中心线处，即覆盖前道焊缝的 1/2 左右；当焊接第三道焊缝时，以上坡口边缘线为参照线，并熔去坡口线 1～2mm，运条速度略快于第一道，电弧要压短，防止咬边。

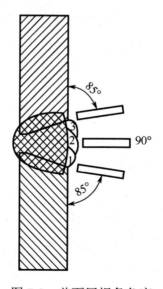

图 7-9　盖面层焊条角度

4．注意事项

（1）保证根部焊接时，背面成形饱满、无咬边现象。

（2）当进行打底层焊接时，要求运条动作迅速、位置准确。

（3）当焊接各层时，必须注意观察上、下坡口熔化状况。熔池要清晰，当无夹渣现象时，焊条才能向前移动。尤其要注意避免上坡口出现很深的沟槽，克服方法是电弧方向指向上坡口使其充分熔化。

🖊 安全提示

1．穿戴好劳保用品；

2．使用半自动火焰切割机和角向磨光机时要注意安全，佩戴墨镜和平光防护眼镜；

3．钢板要夹紧、放置牢固；

4．敲焊渣时要用面罩盖住焊缝，防止焊渣溅入眼睛。

学习活动 4　作品考核与评价

📖 学习目标

1．能讲述焊件的制作工艺或过程，指出存在的问题；

2．能客观地评价自己和他人；

3．具有团队合作精神及一定的语言表达和沟通能力。

⚙ 学习过程

【评价与分析】

本学习情境学习结束后，需要考核与评价。

每个学生首先介绍自己焊件的制作工艺或过程，然后进行表 7-3 中的自我评价，最后教师进行评价和焊件检测。板对接横焊作品考核评价表见表 7-4。总成绩表见表 7-5。

表 7-3 工作任务过程评价表

班级＿＿＿＿＿   学生姓名＿＿＿＿＿   组名＿＿＿＿＿   学号＿＿＿＿＿

项目	自我评价/分			小组评价/分			教师评价/分		
	10～9	8～6	5～1	10～9	8～6	5～1	10～9	8～6	5～1
	占总评 10%			占总评 30%			占总评 60%		
劳保着装									
安全文明									
纪律观念									
工作态度									
时间及效率观念									
学习主动性									
团队协作精神									
设备规范操作									
成本和环保意识									
实训周记写作能力									
小计/分									
总评/分									

任课教师：　　　　　　　　　　年　　月　　日

表 7-4 板对接横焊作品考核评价表

外观考核配分及评分标准　　评分人＿＿＿＿＿　　姓名＿＿＿＿＿　　总分＿＿＿＿＿

序号	检测项目		配分/分	考核技术要求	实测记录	扣分/分	得分/分
1	余高	正面	6	0～3mm；每超 0.5mm 扣 1 分			
		背面	6	0～3mm；每超 0.5mm 扣 1 分			
2	余高差	正面	6	每 1mm 扣 1 分			
		背面	6	每 1mm 扣 1 分			
3	表面宽度		6	允许 14～18mm；每超 0.5mm 扣 1 分			
4	宽度差		6	每 1mm 扣 1 分			
5	夹渣	正面	6	无夹渣。点渣＜2mm，每点扣 2 分；条、块渣＞2mm，0 分			
		背面	4	无夹渣。点渣＜2mm，每点扣 2 分；条、块渣＞2mm，0 分			
6	咬边		8	深度＜0.5mm，每 5mm 扣 1 分；深度＞0.5mm，0 分			
7	未焊透		8	无未焊透。如有，则每 2mm 扣 1 分；总长＞10mm，0 分			
8	未熔合		8	无未熔合。如有，则每 2mm 扣 1 分；总长＞10mm，0 分			
9	背面内凹		4	深度为 0～1mm，每 5mm 扣 1 分			

序号	检测项目	配分/分	考核技术要求				实测记录	扣分/分	得分/分
10	缩孔（含气孔）	4	每个扣 2 分						
11	错边与角变形	4	错边≤1mm，超 1mm 扣 1 分；角变形≤3°，超 1°扣 1 分						
12	弧坑	4	每处弧坑（含起焊端未焊满）扣 2 分						
13	焊缝成形	8	焊缝整齐、波纹细密、均匀、光滑、高低宽窄一致						
			优	良	中	差			
			8 分	6 分	4 分	0 分			
14	试件清洁	2	视飞溅、焊渣和电弧擦伤情况扣分						
15	安全文明生产	4	服从劳动管理、穿戴好劳保用品，按规定安全技术要求操作						

表 7-5　总成绩表

类别	单项成绩/分	权重比例	小计/分
工作任务过程评价		10%	
网络线上学习		30%	
作品考核评价		60%	
总分/分			

模块四 管材对接焊

水平转动管焊接

水平转动管焊接是《国家职业技能标准-焊工》（2018 年版）中要求中级焊工掌握的技能之一，学习该技能的前提条件是掌握了板对接平焊和板对接立焊的单面焊双面成形技术。在现场管道焊接生产中，绝大部分焊接项目是水平转动管焊接。通过该项目的学习，学生可以为后续学习水平固定管焊接技术打下基础。

学习目标

1. 能读懂工作任务书和查阅相关资料；
2. 了解熔滴过渡的作用力和熔滴过渡的形式及飞溅；
3. 了解焊接熔渣的作用；
4. 掌握氢对焊接质量的影响和控制氢的措施；
5. 了解氮、氧对焊接质量的影响和控制氮、氧的措施；
6. 会进行管道坡口的加工、焊前清理和钝边操作；
7. 会进行管道的组对和定位；
8. 能合理选择焊接规范及参数；
9. 能进行水平转动管打底层、填充层和盖面层的焊接；
10. 具备安全、环保、团队协作意识和沟通能力；
11. 养成良好的职业道德和成本意识。

学习内容

1．识图和查阅资料；

2．熔滴过渡的作用力和熔滴过渡的形式及飞溅；

3．焊接熔渣；

4．氢对焊接质量的影响和控制氢的措施；

5．氮对焊接质量的影响和控制氮的措施；

6．氧对焊接质量的影响和控制氧的措施；

7．管道坡口的加工、焊前清理和钝边操作；

8．水平转动管打底层、填充层和盖面层的焊接；

9．作品考核与评价。

建议学时：56 学时

学习情境描述：

在石油、化工施工的压力管道焊接中，通常采用单面焊双面成形技术，管道焊接焊条角度变化较大，要求焊工水平较高。本学习情境使用的管材是 20#钢，焊条材料为 E4303。在理论知识方面，要求学生了解熔滴过渡的作用力、熔滴过渡的形式和焊接熔渣的作用，以及氧、氮对焊接质量的影响，掌握氢对焊接质量的影响和控制氢的措施。在实际操作方面，要求学生合理选择焊接规范及参数，及时调整焊条角度，控制熔池温度和焊接速度。此外，要培养学生养成良好的职业道德，以及在安全、环保、成本、团队协作和沟通等方面的意识。

学习流程与内容：

学习活动 1：工作任务书识读。

学习活动 2：基础理论学习。

学习活动 3：水平转动管焊接操作。

学习活动 4：作品考核与评价。

学习活动 1　工作任务书识读

学习目标

1．能看懂简单的图纸和技术要求；

2．能通过网络和相关书籍查阅资料。

学习过程

教师下发表8-1所示的工作任务书，学生以小组为单位通过网络和相关书籍查阅资料后，确定工作任务方案。

表8-1 工作任务书

任务名称	水平转动管焊接

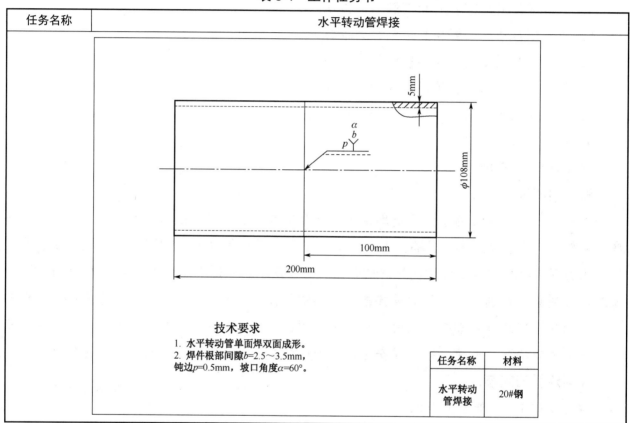

技术要求

1. 水平转动管单面焊双面成形。
2. 焊件根部间隙b=2.5～3.5mm，钝边p=0.5mm，坡口角度$α$=60°。

任务名称	材料
水平转动管焊接	20#钢

学习活动 2　基础理论学习

 学习目标

1. 了解熔滴过渡的作用力和熔滴过渡的形式及飞溅；
2. 了解焊接熔渣的作用；
3. 掌握氢对焊接质量的影响和控制氢的措施；
4. 了解氮、氧对焊接质量的影响和控制氮、氧的措施。

学习过程

一、熔滴过渡和飞溅

1. 熔滴过渡的作用力

熔滴是指焊条电弧焊时，在焊条（或焊丝）端部形成的向熔池过渡的液态金属滴。

在熔滴的形成和长大过程中，有多种力作用在上面，归纳如下。

（1）重力。熔滴因本身重力而具有下垂倾向。重力在平焊时促进熔滴过渡，在立焊、仰焊时阻碍熔滴过渡。

（2）表面张力。焊条金属熔化后，在表面张力的作用下形成球滴状。表面张力的大小与熔滴的成分、温度、环境气氛和焊条直径等有关。表面张力在平焊时阻碍熔滴过渡，在立焊、仰焊时促进熔滴过渡。

增加熔滴温度，会降低金属的表面张力系数，从而减小熔滴尺寸。熔滴受重力和表面张力示意图如图 8-1 所示。

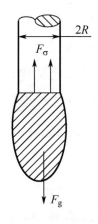

图 8-1　熔滴受重力和表面张力示意图

（3）电磁压缩力。当焊接时，将熔滴看成由许多平行载流导体组成，这样熔滴就受到由四周向中心的电磁力，称为电磁压缩力。电磁压缩力在任何焊接位置上都促进熔滴过渡。

（4）斑点压力。电弧中的带电粒子（电子和阳离子）在电场作用下向两极运动，撞击在两极的斑点上而产生的机械压力，称为斑点压力。斑点压力阻碍熔滴过渡，并且正接时的斑点压力较反接时的大。

（5）等离子流力。电磁压缩力使电弧气流的上、下形成压力差，使上部的等离子体迅速向下流动产生压力，称为等离子流力。等离子流力促进熔滴过渡。

（6）电弧气体吹力。焊条末端形成的套管内含有大量气体，并顺着套管方向以挺直而稳定的气流把熔滴送到熔池中，这种力称为电弧气体吹力。无论焊接位置如何，电弧气体吹力都促进熔滴过渡。焊接时焊条末端的套管如图 8-2 所示。

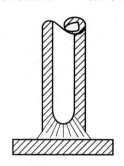

图 8-2　焊接时焊条末端的套管

2．熔滴过渡的形式

熔滴通过电弧空间向熔池的转移过程，称为熔滴过渡。熔滴过渡分为粗滴过渡、短路过渡和喷射过渡三种形式。

（1）粗滴过渡是熔滴呈粗大颗粒向熔池自由过渡的形式，如图 8-3（a）所示。粗滴过渡会影响电弧的稳定性，焊缝成形不好，通常不采用。

（2）短路过渡是焊条（焊丝）端部的熔滴与熔池短路接触，过热和磁收缩作用使熔滴断裂，直接向熔池过渡的形式，如图 8-3（b）所示。当短路过渡时，电弧稳定、飞溅少、焊缝成形良好，因此短路过渡广泛应用于薄板和全位置焊接。

（3）喷射过渡是熔滴呈细小颗粒，并以喷射状态快速通过电弧空间向熔池过渡的形式，如图 8-3（c）所示。产生喷射过渡除要有一定的电流密度外，还要有一定的电弧长度。喷射过渡的特点是熔滴小、过渡频率高、电弧稳定、焊缝成形美观及生产效率高等。

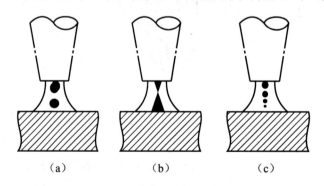

（a）　　　　　　　（b）　　　　　　　（c）

图 8-3　熔滴过渡的形式

3．熔滴过渡时的飞溅

在焊接过程中，大部分焊丝熔化金属可过渡到熔池中，小部分焊丝熔化金属飞向熔池之外，飞到熔池之外的金属称为飞溅。

（1）气体爆炸引起的飞溅。冶金反应时在液体内部产生大量的一氧化碳气体，气体的析出十分猛烈，造成液体金属（熔滴和熔池）发生粉碎型的细滴飞溅。

（2）斑点压力引起的飞溅。在短路过渡的最后阶段，熔滴和熔池之间断开，这时的电磁力使熔滴往上飞去，引起强烈飞溅。

4. 焊接熔渣

在焊接过程中，焊剂和非金属夹杂物熔解经化学变化形成覆盖于焊缝表面的非金属物质，称为焊接熔渣。

焊接熔渣的作用如下。

（1）机械保护作用。当焊接时，液态焊接熔渣覆盖在熔滴和熔池表面，使之与空气隔开，阻止有害气体的侵入。焊接熔渣凝固后形成的渣壳覆盖在焊缝上，可防止焊缝高温金属被空气氧化，同时减缓金属的冷却速度。

（2）改善焊接工艺性能。焊接熔渣中的易电离物质可使电弧易引燃和稳定燃烧。焊接熔渣适宜的物理性质、化学性质可保证在不同位置进行焊接操作和良好的焊缝成形，并可减少飞溅，减少焊缝气孔的产生。

（3）冶金处理。焊接熔渣与液态金属之间可进行一系列的冶金反应，从而影响焊缝金属的成分和性能。通过冶金反应，焊接熔渣可清除焊缝中的杂质，如氢、氧、硫、磷等，通过焊接熔渣可向焊缝过渡合金元素，调整焊缝成分。

二、有害元素对焊缝金属的作用

焊接区的气体主要来自焊接材料和少量侵入的空气，主要由氢、氧、氮或其化合物等组成，其中氢、氧、氮对焊缝金属的影响较大。焊缝中的硫、磷不仅会降低焊缝金属的性能，还会引起热裂纹等焊接缺陷。

1. 氢对焊缝金属的作用

焊接区的氢主要来自焊条药皮或焊剂中的有机物、结晶水或吸附水，焊件和焊丝表面上的污物，空气中的水分等。

1）氢对焊接质量的影响

氢是焊缝中的有害元素之一，其主要危害有如下几点。

（1）形成氢气孔。熔池结晶时氢的溶解度突然下降，使氢在焊缝中处于过饱和状态，并促使氢原子复合为氢分子，氢分子不溶于金属，若来不及逸出，则会形成氢气孔。

（2）产生白点。钢焊缝在含氢量高时，常在焊缝金属的拉断面上出现鱼目状的一种白色圆形斑点，称为白点。白点的直径一般为 0.5～5mm，其周围为塑性断口，中心有小夹杂物。白点的产生与氢的扩散、聚集有关，白点会使焊缝金属的塑性大大降低。

（3）导致氢脆。氢在室温附近使钢的塑性严重下降的现象称为氢脆。氢脆是由溶解在金属中的氢引起的，焊缝中的剩余氢扩散、聚集在金属的显微缺陷内，结合成氢分子，造成局部高压区，阻碍塑性变形，使焊缝的塑性严重下降。焊缝中剩余氢的含量越高，则氢脆发生的概率越大。

（4）形成冷裂纹。焊缝中的氢是形成冷裂纹的一大因素。

2）控制氢的措施

（1）焊条、焊剂使用前应进行烘干处理。一般低氢型焊条的烘干温度为 350～400℃；含有机物的焊条的烘干温度为 150～200℃。焊条、焊剂烘干后应立即使用，或者暂时存放在 100～150℃的烘箱或保温筒内，随用随取，以免再次吸潮。

（2）清除焊件及焊丝表面的杂质。焊件坡口和焊丝表面的铁锈、油污、吸附水及其他含氢物质是增加焊缝含氢量的主要原因之一，故焊前应仔细清理干净。

（3）冶金处理。在药皮和焊剂中加入萤石 CaF_2，可以产生较强的去氢作用。

（4）控制焊接工艺参数。电源的性质与极性、焊接电流及电弧电压对焊缝含氢量有一定影响。直流反接焊缝的含氢量较直流正接焊缝的低。降低焊接电流和电弧电压，可减少焊缝的含氢量。

（5）焊后脱氢处理。焊后加热焊件，促使氢扩散外逸，从而减少焊接接头中含氢量的工艺叫作脱氢处理。一般把焊件加热到 350℃以上，保温 1 小时，便可将绝大部分扩散氢去除。

2．氮对焊缝金属的作用

焊接区的氮主要来自周围的空气。

1）氮对焊接质量的影响

氮是钢焊缝中的有害元素，它对焊接质量的影响如下。

（1）形成氮气孔。熔池中若溶入了较多的氮，则在焊缝凝固过程中，因溶解度的突降会有大量的氮以气泡的形式逸出。如果氮来不及逸出，就会在焊缝中形成氮气孔。

（2）降低焊缝金属的力学性能。焊缝中的含氮量增加，其强度升高，但塑性和韧性明显下降，低温韧性受到的影响更为严重。

（3）引起时效脆化。氮是引起时效脆化的元素，熔池在凝固过程中冷却速度快，氮来不及逸出，从而以过饱和状态存在于固溶体中，这是一种不稳定状态。随着时间的推移，过饱和的氮将以针状的 Fe_4N 形式析出，导致焊缝金属的塑性和韧性下降，即时效脆化。

2）控制氮的措施

（1）加强对焊接区的保护。加强对电弧气氛和液态金属的保护，防止空气侵入，这是控制焊缝含氮量的主要措施。

（2）选用合理的焊接工艺规范。电弧电压增大使焊缝含氮量增加，故应尽量采用短弧焊接，采用直流反极性接法，减少氮离子向熔滴中溶解的机会，从而减小焊缝含氮量。增大焊接电流，熔滴过渡频率加快，一般来说有利于减小焊缝含氮量。

（3）控制焊接材料的成分。增加焊丝或药皮中的含碳量可降低焊缝含氮量，这是因为碳可降低氮在铁中的溶解度；碳氧化生成一氧化碳、二氧化碳可降低气相中氮的分压，同时碳氧化引起熔池的沸腾，有利于氮的逸出。

3. 氧对焊缝金属的作用

焊接区的氧主要来自电弧中的氧化性气体（二氧化碳、氧气等），空气的侵入，药皮中的高价氧化物和焊接材料与焊件表面的铁锈、水分等分解产物。

1）氧对焊缝质量的影响

由于气体、熔渣及焊件表面氧化物对焊缝金属的氧化，焊缝金属中的含氧量增加，对焊接质量带来不利的影响，具体表现如下。

（1）降低焊缝金属的强度、硬度、塑性，急剧降低冲击韧性。

（2）引起焊缝金属的热脆、冷脆及时效脆化，并提高脆性转变温度。

（3）降低焊缝金属的物理性能和化学性能，如降低导电性、导磁性和抗腐蚀性。

（4）产生气孔，熔池中的氧与碳反应，生成不溶于金属的一氧化碳。若熔池结晶时一氧化碳气泡来不及逸出，则在焊缝中形成一氧化碳气孔。

（5）烧损焊接材料中的有益合金元素，使焊缝性能变差。

（6）产生飞溅，影响焊接过程的稳定性。

2）控制氧的措施

（1）严格控制氧的来源。采用不含氧或低含氧量的焊接材料，如无氧焊条、无氧焊丝、无氧焊剂等。采用高纯度的惰性保护气体或在真空下进行焊接。清除焊件、焊丝表面的铁锈、氧化膜等污物，烘干焊接材料。

（2）控制焊接工艺规范。采用短弧焊接，加强保护效果，限制空气与液态金属的接触。

学习活动 3　水平转动管焊接操作

学习目标

1. 会进行管道坡口的加工、焊前清理和钝边操作；
2. 会进行管道的组对和定位；
3. 能合理选择焊接规范及参数；
4. 能正确调整焊条角度变化；
5. 能进行打底层、填充层和盖面层的操作。

学习过程

一、焊前准备

1. 坡口加工

焊件尺寸如图 8-4 所示。

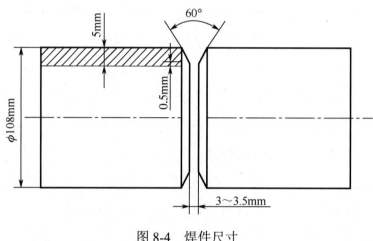

图 8-4　焊件尺寸

2. 焊前清理

组对前，用角向磨光机彻底清除坡口及两侧 20mm 范围内的氧化膜、铁锈和油污等杂质，直至露出金属光泽。

3. 钝边

钝边是为了焊接时不至于烧穿，有利于焊缝成形。可采用锉刀或角向磨光机加工，钝边厚度为 0.5～1mm。

4. 组对及定位

（1）管子轴线中心必须对正，内外壁要齐平。定位焊前要仔细检查管内壁是否错边，错边量不得大于 0.2t（t 为壁厚），且小于或等于 1mm，对于确实存在错边现象的，要使整个管内壁错边均匀。

（2）当管径不同时，定位焊缝所在位置和数量不同。小管（管径小于 50mm）定位焊缝一处；中管（管径为 50～133mm）定位焊缝两处。本学习情境中的定位焊缝为两处，定位焊缝位置如图 8-5 所示。

（3）选用与正式焊接方法相同的焊条和焊接电流进行定位，定位焊缝长度为 10～15mm，厚度为 3mm，当定位焊缝存在缺陷时，可用角向磨光机或钢铲铲除缺陷或过高部分，使焊缝两端呈斜坡状，以使正式焊接时接头熔合良好。

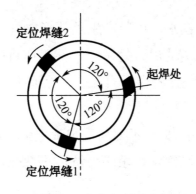

图 8-5　定位焊缝位置

5. 焊接工艺参数

焊接工艺参数见表 8-2。

表 8-2　焊接工艺参数

焊接层次	运条方法	焊条直径/mm	焊接电流/A
打底层	灭弧法	2.5	60～70
填充层	锯齿形运条法或反月牙形运条法	2.5	60～70
盖面层	锯齿形运条法或反月牙形运条法	2.5	60～65

二、操作要领

1. 打底层焊接

打底层采用灭弧法焊接，要求单面焊双面成形，从图 8-6 所示的"1"处开始焊接，至"2"处终止，如此循环往复。焊条角度如图 8-6 所示。

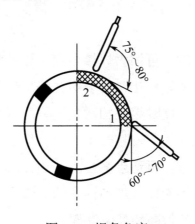

图 8-6　焊条角度

起焊时，先在坡口内引弧，然后拉长电弧在"1"处预热，待焊条开始过渡熔滴时压短电弧在坡口两侧各焊一点，再摆动焊条使两个焊点熔合在一起形成一个完整的熔池，第一个熔池建立以后进入正常焊接流程。焊接时按照月牙形摆动焊条，焊接方法与板对接立焊的类似。焊接时要始终熔去坡口两侧的钝边，并在坡口两侧稍做停留，仔细观察熔孔的大小。更换焊条前要在坡口边缘快速补充两滴铁水，以免产生缩孔现象。

当接头时，动作要迅速，在熔池后方处引弧，并迅速将电弧拉长至待接头处，摆动两三下后往管子里轻轻压一下电弧，稍做停留后再灭弧，保证接头良好，然后进入正常焊接流程。接头及运条方法如图8-7所示。

当焊接到定位焊缝前方约3mm时，不要马上熄灭电弧，采用连弧焊方法并在定位焊缝处往里轻压一下电弧，补充一、二滴铁水，填满弧坑后再熄弧，以使定位焊缝处熔合良好。其余各段操作方法与此相同。

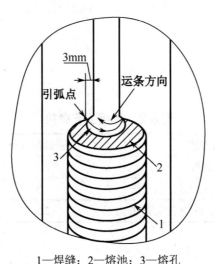

1—焊缝；2—熔池；3—熔孔

图8-7 接头及运条方法

在实际焊接生产过程中，坡口加工等因素可能导致焊缝间隙宽窄不一致，此时就需要根据具体情况，采取不同的操作方法。

（1）当间隙较好（3～3.5mm）时，采用半击穿法焊接，焊条摆动如图8-7中的"运条方向"所示。

（2）当间隙较小（<3mm）时，可增大焊接电流，以使背面焊透。也可让焊条不摆动，采用完全击穿法（在熔池中间引弧）焊接，当采用此法焊接时，重新接弧的频率要高些，待熔池颜色还呈红色时就重新接弧，此时熔孔相对较大。当焊缝间隙过小时，可采用连弧焊和断弧焊交替使用的方法。

（3）当间隙较大（>4mm）时，可适当减小焊接电流或采用不击穿法和两点法焊接。在不减小焊接电流的情况下，电弧不能伸入坡口内太深，焊条摆动的速度要快些，而重新接弧的频率要低些，否则背面焊缝容易超高和产生焊瘤。

2．填充层焊接

当打底层焊缝较薄需要填充时，填充前要清除熔渣，焊接电流可稍加大一点，有利于熔合打底层，避免夹渣。按照锯齿形摆动焊条并在坡口两侧稍做停留，防止中间超高、两边出现沟槽等现象。填充层高度以低于母材0.5～1mm为宜，并保留坡口线便于盖面层焊接。

3．盖面层焊接

盖面层的焊接电流与填充层的相同，当管壁厚度较小不需要填充时，盖面层的焊接电流、焊条角度与打底层的一致，操作方法与填充层的相似，最后封闭焊缝时要使起焊处熔合良好。

4．注意事项

（1）定位处和起焊处要避免夹渣、超高等缺陷，避免给反接头带来困难。

（2）随着焊接位置的不同，要灵活调整焊条角度。

安全提示

1．穿戴好劳保用品；

2．使用火焰切割坡口和角向磨光机时要注意安全，佩戴墨镜和平光防护眼镜；

3．管子要夹紧、放置牢固；

4．敲焊渣时要用面罩盖住焊缝，防止焊渣溅入眼睛。

学习活动 4 作品考核与评价

学习目标

1．能讲述焊件的制作工艺或过程，指出存在的问题；

2．能客观地评价自己和他人；

3．具有团队合作精神及一定的语言表达和沟通能力。

学习过程

【评价与分析】

本学习情境学习结束后，需要考核与评价。

每个学生首先介绍自己焊件的制作工艺或过程，然后进行表 8-3 中的自我评价，最后教师进行评价和焊件检测。水平转动管焊接作品考核评价表见表 8-4。总成绩表见表 8-5。

表 8-3　工作任务过程评价表

班级＿＿＿＿＿＿　学生姓名＿＿＿＿＿＿　组名＿＿＿＿＿＿　学号＿＿＿＿＿＿

项目	自我评价/分			小组评价/分			教师评价/分		
	10～9	8～6	5～1	10～9	8～6	5～1	10～9	8～6	5～1
	占总评 10%			占总评 30%			占总评 60%		
劳保着装									
安全文明									
纪律观念									
工作态度									
时间及效率观念									
学习主动性									
团队协作精神									
设备规范操作									
成本和环保意识									
实训周记写作能力									
小计/分									
总评/分									

任课教师：　　　　　　　年　　月　　日

表 8-4　水平转动管焊接作品考核评价表

外观考核配分及评分标准　　评分人＿＿＿＿＿＿　姓名＿＿＿＿＿＿　总分＿＿＿＿＿＿

序号	检测项目		配分/分	考核技术要求	实测记录	扣分/分	得分/分
1	余高	正面	6	0～3mm；每超 0.5mm 扣 1 分			
		背面	6	0～3mm；每超 0.5mm 扣 1 分			
2	余高差	正面	6	每 1mm 扣 1 分			
		背面	6	每 1mm 扣 1 分			
3	表面宽度		6	允许 12～14mm；超 0.5mm 扣 1 分			
4	宽度差		6	每 1mm 扣 1 分			
5	夹渣	正面	6	无夹渣。点渣＜2mm，每点扣 2 分；条、块渣＞2mm，0 分			
		背面	4	无夹渣。点渣＜2mm，每点扣 2 分；条、块渣＞2mm，0 分			
6	咬边		8	深度＜0.5mm，每 5mm 扣 1 分；深度＞0.5mm，0 分			
7	未焊透		8	无未焊透。如有，则每 2mm 扣 1 分；总长＞10mm，0 分			
8	未熔合		8	无未熔合。如有，则每 2mm 扣 1 分；总长＞10mm，0 分			
9	背面内凹		4	深度为 0～1mm，每 5mm 扣 1 分			
10	缩孔（含气孔）		4	每个扣 2 分			

续表

序号	检测项目	配分/分	考核技术要求	实测记录	扣分/分	得分/分
11	错边与角变形	4	错边≤1mm，超 1mm 扣 1 分；角变形≤3°，超 1° 扣 1 分			
12	弧坑	4	每处弧坑（含起焊端未焊满）扣 2 分			
13	焊缝成形	8	焊缝整齐、波纹细密、均匀、光滑、高低宽窄一致<table><tr><td>优</td><td>良</td><td>中</td><td>差</td></tr><tr><td>8 分</td><td>6 分</td><td>4 分</td><td>0 分</td></tr></table>			
14	试件清洁	2	视飞溅和焊渣情况扣 2～4 分			
15	安全文明生产	4	服从劳动管理、穿戴好劳保用品，按规定安全技术要求操作			

表 8-5　总成绩表

类别	单项成绩/分	权重比例	小计/分
工作任务过程评价		10%	
网络线上学习		30%	
作品考核评价		60%	
总分/分			

水平固定管焊接

水平固定管焊接是《国家职业技能标准-焊工》（2018 年版）中要求高级焊工掌握的技能之一，学习该技能的前提条件是掌握了水平转动管焊接技术。在现场管道焊接生产中，部分管道焊口位置较特殊，只能进行固定焊。

学习目标

1. 能读懂工作任务书和查阅相关资料；
2. 了解焊接热处理及退火、正火、淬火和回火；
3. 了解焊缝金属的一次结晶和相变；
4. 能合理选择焊接规范及参数；
5. 能进行水平固定管打底层、填充层和盖面层的焊接；
6. 具备安全、环保、团队协作意识和沟通能力；
7. 养成良好的职业道德和成本意识。

学习内容

1. 识图和查阅资料；
2. 焊接热处理及退火、正火、淬火和回火；
3. 焊缝金属的结晶；
4. 水平固定管打底层、填充层和盖面层的焊接；
5. 作品考核与评价。

建议学时：56 学时

学习情境描述：

在石油、化工压力管道的现场焊接中，经常遇到水平固定的焊缝，对于重要的焊缝，通常采用单面焊双面成形技术。本学习情境使用的管材是 20#钢，焊接材料为 E4303。在理论知识方面，要求学生了解焊缝热处理的目的、焊缝金属的一次结晶和相变。在实际操作方面，要求学生合理选择焊接规范及参数，及时调整焊条角度，控制熔池温度和焊接速度。此外，要培养学生养成良好的职业道德，以及在安全、环保、成本、团队协作和沟通等方面的意识。

学习流程与内容：

学习活动 1：工作任务书识读。

学习活动 2：基础理论学习。

学习活动 3：水平固定管焊接操作。

学习活动 4：作品考核与评价。

学习活动 1 工作任务书识读

 ## 学习目标

1. 能看懂简单的图纸和技术要求；
2. 能通过网络和相关书籍查阅资料。

 ## 学习过程

教师下发表 9-1 所示的工作任务书，学生以小组为单位通过网络和相关书籍查阅资料后，确定工作任务方案。

表 9-1　工作任务书

任务名称	水平固定管焊接

技术要求
1. 水平固定管单面焊双面成形。
2. 焊件根部间隙 $b=2.5\sim3.5$mm，钝边 $p=0.5$mm，坡口角度 $\alpha=60°$。

任务名称	材料
水平固定管焊接	20#钢

（图示尺寸：5mm，ϕ108mm，100mm，200mm，坡口符号 α、b、p）

学习活动 2 基础理论学习

学习目标

1. 了解焊接热处理的目的和退火、正火、淬火及回火热处理方法；
2. 了解焊缝金属的一次结晶过程。

学习过程

一、热处理

热处理是提高和改善钢的性能的一种加工方法，即通过加热、保温和冷却过程，使钢的内部组织结构发生改变，从而使其性能发生变化。

热处理：先将钢在固态下加热到给定温度，并在此温度下保持一定的时间，然后以预定的冷却方式和速度冷却，以改变钢的内部组织结构，从而获得所需性能的一种工艺方法。热处理工艺曲线如图 9-1 所示。

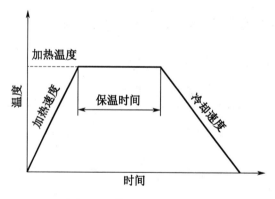

图 9-1　热处理工艺曲线

热处理过程分为三个阶段：加热、保温和冷却。

热处理的目的：提高焊接质量，改善焊接接头的力学性能，减少或消除焊接缺陷。在必要的情况下，可以采取焊前或焊后对焊件加热并控制冷却的方法进行处理。

二、常用热处理方法

1. 退火

退火是先将钢加热到一个适当的温度，保温一定的时间，然后缓慢冷却的热处理工艺。退火的目的如下。

（1）消除锻件、铸件、焊件的组织缺陷。

（2）降低硬度，提高塑性，便于后续的切削加工。

（3）细化晶粒，改善组织，为最终热处理做准备。

（4）消除应力，防止变形和开裂。

2．正火

正火是先将钢加热到 A_{c_3}（或 $A_{c_{cm}}$）以上 30～50℃，保温足够的时间，然后出炉在空气中冷却的一种热处理工艺。

正火与退火的主要区别是其冷却速度比退火的稍快。因此，正火获得的珠光体较细，硬度和强度稍高。

3．淬火

淬火是先将钢加热到 A_{c_3}（或 A_{c_1}）以上某一温度，保温一定时间，然后急速冷却，以获得马氏体组织的一种热处理工艺。

淬火的目的是获得马氏体组织，但淬火后获得的马氏体组织不是热处理所要求的最终组织。因此，淬火后必须进行适当的回火。

4．回火

回火是先将淬火后的焊件重新加热到 A_{c_1} 以下某一温度，保温一定时间，然后以适宜的温度冷却到室温的一种热处理工艺。

回火是淬火的后续工序，其主要目的是减少或消除淬火应力；防止焊件变形与开裂；稳定焊件尺寸及获得焊件所需的组织和力学性能。

三、焊缝的组织和性能

在焊接过程中，当热源移动离开熔池后，熔池金属便开始冷却凝固形成焊缝，焊缝金属由液态转变为固态的凝固过程称为焊缝金属的一次结晶。焊缝金属从高温冷却到室温会发生固态相变。焊缝金属的固态相变过程称为焊缝金属的二次结晶。焊接过程中的许多缺陷，如气孔、结晶裂纹、夹渣等都产生于焊缝金属的结晶过程之中。

1．焊缝金属的一次结晶过程

熔池中的结晶由晶核的产生和晶核的长大两个过程组成，熔池中生成的晶核有两种：自发晶核和非自发晶核。熔池中生成的晶核以非自发晶核为主。非自发晶核有两种：一种是合金元素或杂质的悬浮质点，这种晶核一般情况下所起的作用不大；另一种是主要的，就是熔合区附近加热到半熔化状态的基本金属的晶粒表面形成的晶核。结晶就从这里开始，以柱状晶体的形态向熔池的中心生长，形成焊缝金属同母材金属长在一起的"联生结晶"。

熔池中的晶体总朝着与散热方向相反的方向长大。当晶体的长大方向与散热最快方向的反方向一致时，晶体长大最快。由于熔池散热最快的方向是垂直于熔合线的方向，且指向金属内部，因此晶体的长大方向总是垂直于熔合线而指向熔池中心，从而形成了柱状晶体。当柱状晶体不断长大至相互接触时，熔池中的一次结晶过程宣告结束，如图 9-2 所示。

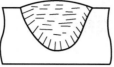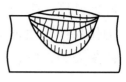

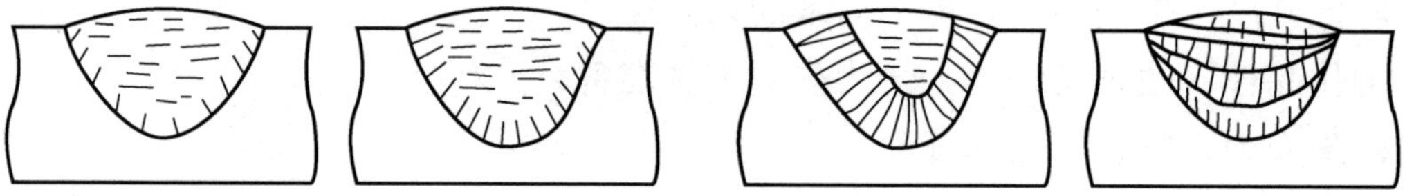

（a）开始结晶　　（b）晶体长大　　（c）柱状晶体　　（d）结晶结束

图 9-2　熔池中的一次结晶过程

　　总之，焊缝金属的一次结晶从熔合线附近形成晶核开始，以"联生结晶"的形式呈柱状向熔池中心长大，最终得到柱状晶体组织。

2．焊缝金属的二次结晶过程

　　一次结晶后，熔池金属转变为固态焊缝。高温的焊缝金属冷却到室温要经过一系列相变，即二次结晶。二次结晶的组织主要取决于焊缝金属的化学成分和冷却速度。对于低碳钢来说，焊缝金属的常温组织为铁素体和珠光体。由于焊缝金属冷却速度快，因此所得珠光体含量比平衡组织中的含量大。冷却速度越快，珠光体含量越多，焊缝的强度和硬度越高，而塑性和韧性越低。

学习活动 3　水平固定管焊接操作

学习目标

1．会进行管道坡口的加工、清理、钝边操作；
2．会进行管道的组对和定位；
3．能合理选择焊接规范及参数；
4．能正确调整焊条角度；
5．能进行打底层、填充层和盖面层的焊接操作。

学习过程

一、焊前准备

1．坡口加工、清理和钝边
水平固定管焊接的坡口加工、清理和钝边操作与水平转动管焊接的相同。

2．组对及定位
水平固定管焊接的组对操作与水平转动管焊接的相同，定位焊缝如图 9-3 所示。

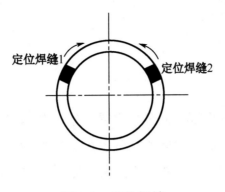

图 9-3　定位焊缝

3. 焊接工艺参数

焊接工艺参数见表 9-2。

表 9-2　焊接工艺参数

焊接层次	运条方法	焊条直径/mm	焊接电流/A
打底层	灭弧法	2.5	60～70
填充层	锯齿形运条法或反月牙形运条法	2.5	60～70
盖面层	锯齿形运条法或反月牙形运条法	2.5	60～65

二、操作姿势

在现场焊接生产过程中，水平固定管焊接往往操作空间狭小，这给焊工带来了很大的困难。为此，需要采取合理的站位和握电焊钳方法。

（1）站位。站位有侧身位和正对位两种。侧身位即人站在焊缝的左侧施焊；正对位即人站在焊缝的正中心施焊。站位如图 9-4 所示。

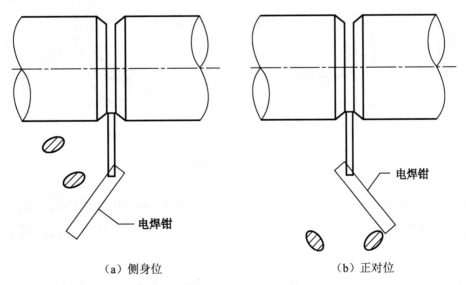

（a）侧身位　　　　　　　　　　　（b）正对位

图 9-4　站位

（2）握电焊钳方法。握电焊钳方法有正握法和反握法两种。正握法通常配合侧身位；反握法通常配合正对位。

三、操作要领

水平固定管焊接通常从管子底部的仰焊位置开始，分两半部分焊接，先焊的一半叫作前半部分，后焊的一半叫作后半部分。两半部分的焊接都按仰焊位置→立焊位置→平焊位置的顺序进行，这样有利于对熔化金属与熔渣的控制，便于焊缝成形。

1. 打底层焊接

打底层焊接采用灭弧法，要求单面焊双面成形，焊条角度如图9-5所示。

1）前半部分焊接

仰焊位置：先从底部偏左10mm处采用直击法引弧，然后拉长电弧预热1～2秒后迅速压短电弧使其在坡口内壁燃烧，在坡口两侧各形成一个焊点，使两个焊点充分熔合到一起后灭弧，形成一个完整的熔池。这时在坡口两侧可看到一个熔孔，等到熔池颜色开始由亮变暗时再接弧，下次接弧要将电弧完全伸至管内壁使电弧在壁内燃烧，焊条的端头与管内壁平齐。每次接弧的覆盖量只能压住原熔池的1/3左右，不能压得太多，否则不易焊透、背面易产生内凹，接弧位置要准确，采用短弧操作。每次引弧要听到管内有"噗、噗"声后再灭弧，灭弧时采用向上挑弧的方法，动作要果断、利索。更换焊条收弧时要注意填满弧坑，以免产生冷缩孔。

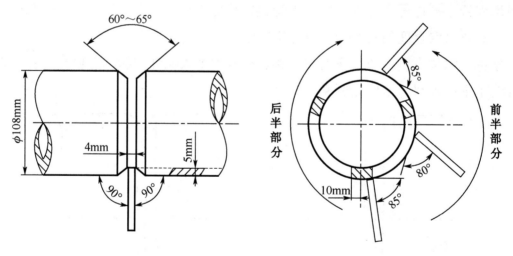

图9-5　焊条角度

接头：接头时动作要迅速，在弧坑前方坡口处引弧并拉长电弧预热后，迅速压短电弧运条至接头处往上顶送焊条，使焊条的端头与管内壁平齐，稍做停留后灭弧，再转入正常焊接流程。

仰焊位置→立焊位置：当焊接到此位置时，焊条的伸入量约是管壁的2/3，焊条角度要随时调整。

反接头：当焊接到离定位反接头处还有 4mm 时，将焊条进行圆圈形摆动后往里压一下电弧，听到击穿声后，使焊条在接头处稍微摆动，填满弧坑后灭弧。

立焊位置→平焊位置：当焊接到此位置时，焊条不能伸入太多，约是管壁的 1/3，注意观察熔池温度，避免产生焊瘤，并且要焊过中心线 10mm 左右，收弧时要填满弧坑。

2）后半部分焊接

焊前要彻底清除仰焊接头处的缺陷，可用角向磨光机将接头处铲成缓坡状，这样便于接头。焊接时在仰焊反接头偏后 10mm 处引弧，预热 2～3 秒后迅速压短电弧，随后马上将焊条往上顶送，使其在壁内燃烧，形成完整的熔池后灭弧，如此反复。其他操作方法同前半部分的一致，当焊接到平焊位置封口时，采用画圆圈摆动法往里轻压一下电弧，听到击穿声后，使焊条在接头处稍微摆动，填满弧坑后灭弧。

2．填充层焊接

填充层焊接也分两半部分进行，焊接顺序与打底层的相反，其目的是使仰焊位置接头处错开。当打底层厚度较小时，需要填充，填充层焊接电流可加大 5～10A，采用锯齿形运条法或反月牙形运条法，运条时在坡口两侧稍做停留。填充层要求平整，厚度以低于母材 0.5mm 为宜，特别要注意平焊位置不能太低，否则会给盖面层焊接带来困难。

3．盖面层焊接

盖面层的焊接顺序与填充层的相反，即先焊前半部分，再焊后半部分，其目的是使仰焊位置接头处错开。

先在底部中心线偏右 10mm 处引弧，拉长电弧预热 2～3 秒后迅速压短电弧形成熔池，待熔池形成后向前运条，运条时采用短弧在坡口两侧稍做停留。当运条至仰焊爬坡处时要加快运条速度，仔细观察熔池的形状，当熔池温度太高时，可采用反月牙形运条法。当焊至平焊位置时，可加大焊条角度，并焊过中心线 10mm 左右。仰焊反接头时要彻底清除起焊处的缺陷，并铲成缓坡状。

4．注意事项

（1）定位焊和仰焊起焊处要避免夹渣、超高等缺陷，避免给反接头带来困难。

（2）随着焊接位置的不同，要灵活调整焊条角度。

（3）在不同的焊接位置，打底层电弧的穿透量是不同的。

（4）严格控制熔池温度，从仰焊位置至立焊位置始终要压短电弧，严防温度过高产生咬边、超高，甚至出现焊瘤。

安全提示

1．穿戴好劳保用品；

2．使用火焰切割坡口和角向磨光机时要注意安全，佩戴墨镜和平光防护眼镜；

3．管子要夹紧、放置牢固；

4．敲焊渣时要用面罩盖住焊缝，防止焊渣溅入眼睛。

学习活动 4　作品考核与评价

学习目标

1．能讲述焊件的制作工艺或过程，指出存在的问题；

2．能客观地评价自己和他人；

3．具有团队合作精神及一定的语言表达和沟通能力。

学习过程

【评价与分析】

本学习情境学习结束后，需要考核与评价。

每个学生首先介绍自己焊件的制作工艺或过程，然后进行表 9-3 中的自我评价，最后教师进行评价和焊件检测。水平固定管焊接作品考核评价表见表 9-4。总成绩表见表 9-5。

表 9-3　工作任务过程评价表

班级_____　学生姓名_____　组名_____　学号_____

项目	自我评价/分			小组评价/分			教师评价/分		
	10～9	8～6	5～1	10～9	8～6	5～1	10～9	8～6	5～1
	占总评 10%			占总评 30%			占总评 60%		
劳保着装									
安全文明									
纪律观念									
工作态度									
时间及效率观念									
学习主动性									
团队协作精神									
设备规范操作									
成本和环保意识									
实训周记写作能力									

项目	自我评价/分			小组评价/分			教师评价/分		
	10～9	8～6	5～1	10～9	8～6	5～1	10～9	8～6	5～1
	占总评 10%			占总评 30%			占总评 60%		
小计/分									
总评/分									

任课教师：　　　　　　年　　月　　日

表 9-4　水平固定管焊接作品考核评价表

外观考核配分及评分标准　　评分人＿＿＿＿＿＿＿　姓名＿＿＿＿＿＿＿　总分＿＿＿＿＿＿＿

序号	检测项目		配分/分	考核技术要求	实测记录	扣分/分	得分/分
1	余高	正面	6	0～3mm；每超 0.5mm 扣 1 分			
		背面	6	0～3mm；每超 0.5mm 扣 1 分			
2	余高差	正面	6	每 1mm 扣 1 分			
		背面	6	每 1mm 扣 1 分			
3	表面宽度		6	允许 12～14mm；超 0.5mm 扣 1 分			
4	宽度差		6	每 1mm 扣 1 分			
5	夹渣	正面	6	无夹渣。点渣<2mm，每点扣 2 分；条、块渣>2mm，0 分			
		背面	4	无夹渣。点渣<2mm，每点扣 2 分；条、块渣>2mm，0 分			
6	咬边		8	深度<0.5mm，每 5mm 扣 1 分；深度>0.5mm，0 分			
7	未焊透		8	无未焊透。如有，则每 2mm 扣 1 分；总长>10mm，0 分			
8	未熔合		8	无未熔合。如有，则每 2mm 扣 1 分；总长>10mm，0 分			
9	背面内凹		4	深度为 0～1mm，每 5mm 扣 1 分			
10	缩孔（含气孔）		4	每个扣 2 分			
11	错边与角变形		4	错边≤1mm，超 1mm 扣 1 分；角变形≤3°，超 1° 扣 1 分			
12	弧坑		4	每处弧坑（含起焊端未焊满）扣 2 分			
13	焊缝成形		8	焊缝整齐、波纹细密、均匀、光滑、高低宽窄一致 优／8分　良／6分　中／4分　差／0分			
14	试件清洁		2	视飞溅和焊渣情况扣 2～4 分			
15	安全文明生产		4	服从劳动管理、穿戴好劳保用品，按规定安全技术要求操作			

表 9-5　总成绩表

类别	单项成绩/分	权重比例	小计/分
工作任务过程评价		10%	
网络线上学习		30%	
作品考核评价		60%	
总分/分			

垂直固定管焊接

垂直固定管焊接是《国家职业技能标准-焊工》（2018年版）中要求中级焊工掌握的技能之一，学习该技能的前提条件是掌握了板对接横焊单面焊双面成形技术。在现场管道焊接生产中，有些管道焊口只能进行垂直固定焊。

学习目标

1. 能读懂工作任务书和查阅相关资料；
2. 了解焊接热影响区的概念；
3. 掌握熔合区和热影响区的组织与性能特点；
4. 掌握影响焊接接头组织和性能的因素；
5. 了解焊接接头组织和性能的调整与改善方法；
6. 能进行打底层、填充层和盖面层的焊接；
7. 具备安全、环保、团队协作意识和沟通能力；
8. 养成良好的职业道德和成本意识。

学习内容

1. 识图和查阅资料；
2. 焊接热影响区；
3. 熔合区和热影响区的组织与性能特点；
4. 影响焊接接头组织和性能的因素；
5. 焊接接头组织和性能的调整与改善方法；

6．打底层单面焊双面成形技术；

7．填充层和盖面层的焊接；

8．作品考核与评价。

建议学时：56 学时

学习情境描述：

在石油、化工压力管道现场施工焊接中，经常遇到垂直固定的焊缝，对于重要的焊缝，要求采用单面焊双面成形技术。本学习情境使用的管材是 20#钢，焊接材料为 E4303，在理论知识方面，要求学生掌握熔合区的组织与性能特点、影响焊接接头组织和性能的因素、不易淬火钢的组织特征与性能。在实际操作方面，要求学生合理选择焊接规范及参数，及时调整焊条角度，焊缝排列和焊接速度合理。此外，要培养学生养成良好的职业道德，以及在安全、环保、成本、团队协作和沟通等方面的意识。

学习流程与内容：

学习活动 1：工作任务书识读。

学习活动 2：基础理论学习。

学习活动 3：垂直固定管焊接操作。

学习活动 4：作品考核与评价。

学习活动1 工作任务书识读

 学习目标

1．能看懂简单的图纸和技术要求；

2．能通过网络和相关书籍查阅资料。

 学习过程

教师下发表 10-1 所示的工作任务书，学生以小组为单位通过网络和相关书籍查阅资料后，确定工作任务方案。

表 10-1　工作任务书

任务名称	垂直固定管焊接

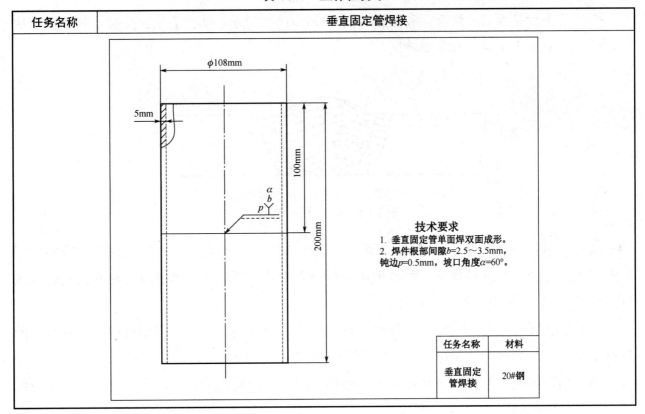

技术要求
1. 垂直固定管单面焊双面成形。
2. 焊件根部间隙 $b=2.5\sim3.5mm$，钝边 $p=0.5mm$，坡口角度 $\alpha=60°$。

任务名称	材料
垂直固定管焊接	20#钢

学习活动 2　基础理论学习

学习目标

1. 了解焊接热影响区的概念；
2. 掌握熔合区和热影响区的组织与性能特点；
3. 掌握影响焊接接头组织和性能的因素；
4. 了解焊接接头组织和性能的调整与改善方法；
5. 能根据管子牌号正确选择焊机和焊条。

学习过程

一、焊接接头的组成

当熔焊时，焊缝在热源的作用下要发生从熔化到固态相变等一系列的变化，而且焊缝两侧未熔化的母材要经历一定的热循环而发生组织的转变。

　　焊接接头包括焊缝、熔合区和热影响区，如图 10-1 所示。实践表明，焊接质量不仅取决于焊缝，还取决于熔合区和热影响区。

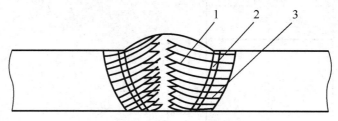

1—焊缝；2—熔合区；3—热影响区

图 10-1　焊接接头的组成

　　（1）焊缝。焊缝是焊件经焊接后所形成的结合部分。当熔焊时，熔池液态金属冷却凝固后所形成的结合部分就是焊缝。焊接接头横截面宏观腐蚀所显示的焊缝与母材交接的轮廓线（焊缝与母材的分界线）称为熔合线。

　　（2）熔合区。熔合区是焊缝与母材（热影响区）交接的过渡区，即熔合线处微观显示的母材半熔化区。半熔化区是焊缝边界的固液两相共存而又凝固的区域。

　　（3）热影响区。热影响区是焊接或热切割过程中，母材因受热（但未熔化）而发生组织和力学性能变化的区域。

二、熔合区和热影响区的组织与性能

1．熔合区的组织与性能

　　熔合区最高加热温度在固相线和液相线之间。焊接时部分金属被熔化，通过扩散的方式与母材金属结合在一起。因此，熔合区的化学成分一般不同于焊缝的，也不同于母材金属的。当焊接材料和母材都为成分相近的低碳钢时，熔合区化学成分无明显变化，但该区靠近母材的一侧为过热组织，晶粒粗大，塑性和韧性较低。当焊接材料和母材的化学成分、线膨胀系数和组织状态相差较大时，会导致碳及合金元素的再分配，同时产生较大的热应力和严重的淬硬组织。因此，熔合区是产生裂纹、发生局部脆性破坏的危险区，它的塑性和韧性很低，是焊接接头中性能最差的区域。

2．热影响区的组织与性能

　　母材的成分不同，热影响区各点经受的热循环不同，焊后热影响区发生的组织和性能的变化就不同。

　　现以不易淬火钢（如 16Mn、15MnV）为例，讨论其热影响区的组织和性能，热影响区组织分布特征如图 10-2 所示。

　　（1）熔合区。熔合区又称半熔化区，是指在焊接接头中，焊缝向热影响区过渡的区域。熔合区处于熔合线附近，温度处在铁碳合金状态图中固相线和液相线之间。在靠近热影响区的一侧，其金属组织是处于过热状态的组织，塑性很低。在各种熔焊的条件下，熔合区的范围虽然很窄，甚至在显微镜下很难分辨，但其对焊接接头的强度、塑性都有很大的影响。熔合区往往是使焊接接头产生裂纹或发生局部脆性破坏的发源地。

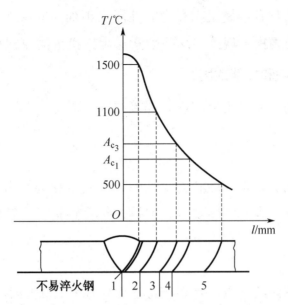

1—熔合区；2—过热区；3—正火区；4—不完全重结晶区；5—母材

图 10-2　热影响区组织分布特征

（2）过热区。过热区的温度范围为 1100～1500℃。在这样的高温下，奥氏体晶粒严重长大，冷却后呈现为晶粒粗大的过热组织。过热区塑性很低，尤其是冲击韧性比母材低 20%～30%，是热影响区中的薄弱环节。

（3）正火区。正火区的温度范围为 A_{c_3} ～1100℃。钢被加热到略高于 A_{c_3} 的温度后再冷却，将发生重结晶。因此，正火区的金属组织相当于热处理时的正火组织，该区也可称为相变重结晶区或细晶区，其力学性能略高于母材，是热影响区中综合力学性能最好的区域。

（4）不完全重结晶区。不完全重结晶区的温度范围为 A_{c_1} ～ A_{c_3} ，区域内金属组织不均匀，因此力学性能不均匀，强度稍有下降。

根据热影响区的宽窄，可以间接判断焊接质量。一般来说，热影响区越窄，则焊接接头中的内应力越大，越容易出现裂纹；热影响区越宽，则对焊接接头力学性能越不利，变形越大。因此，工艺上应在保证不产生裂纹的前提下，尽量减小热影响区的宽度，这对整个焊接接头的力学性能是有利的。

三、焊接接头组织和性能的调整与改善

1. 焊接接头的特点

焊接接头是母材金属或母材金属和填充金属在高温热源作用下，经过加热和冷却过程而形成的不同组织和性能的不均匀体。焊接接头是焊缝、熔合区及热影响区的总称。

因为焊接接头各部位与焊接热中心的距离不同，其温度分布不同，所以焊接接头各部位在组织和性能上存在很大差异。焊缝金属基本上是一种铸造组织，其化学成分与母材金属的不同。近缝区金属受焊接热循环的影响，其组织和性能都发生了不同程度的变化，熔合区更为明显。这说明焊接接头具有金属组织和力学性能极不均匀的特点。焊接接头还会产生焊接缺陷，存在残余应力和应力集中现象，这些因素对焊接接头的组织和性能有很大的影响。

2．影响焊接接头组织和性能的因素

影响焊接接头组织和性能的主要因素有焊接材料、焊接方法、焊接规范与热输入、操作方法等。

1）焊接材料

焊接材料对焊缝金属的化学性能和力学性能起着决定性的作用，因此，焊接材料的选择应以母材金属的化学成分和力学性能要求为前提，结合结构和焊接接头的刚性、母材金属材料的焊接性等进行选择。

2）焊接方法

不同的焊接方法有不同的特点，对焊接接头的组织和性能的影响也不同。常用的焊接方法有气焊、焊条电弧焊、埋弧自动焊、二氧化碳气体保护焊和手工钨极氩弧焊。

（1）气焊。气焊的热源温度较低，加热速度慢，对熔池的保护性差，故合金元素烧损较多；焊缝金属易产生过热组织，热影响区较宽，因此，焊接接头性能较差。

（2）焊条电弧焊。焊条电弧焊采用气渣联合保护措施，焊接热输入不大，故合金元素烧损较少，热影响区较窄，焊接接头性能较好。

（3）埋弧自动焊。埋弧自动焊也采用气渣联合保护措施，焊接热输入较焊条电弧焊的大，故合金元素烧损较多，焊缝金属组织较粗大，焊接接头性能较好。

（4）二氧化碳气体保护焊。二氧化碳气体保护焊采用氧化性气体二氧化碳进行保护，但对合金元素烧损较多，故需要采用含硅、锰较多的焊丝。二氧化碳气体对热影响区有冷却作用，故热影响区窄，接头性能好，尤其是抗裂纹性能好。

（5）手工钨极氩弧焊。手工钨极氩弧焊采用氩气进行保护，合金元素基本无烧损，焊缝结晶组织较细，热影响区窄，接头性能好，尤其是单面焊双面成形好。

在选择焊接方法时，应根据对焊接接头组织和性能的影响及其他要求综合考虑。

3）焊接规范与热输入

焊接热输入综合体现了焊接规范对焊接接头性能的影响。

当采用小电流、快速焊接方法时，可减小热影响区的宽度，减小晶粒长大倾向，消除过热的危害，提高焊缝的塑性和韧性。

当采用大电流、慢速焊接方法时，熔池大而深，焊缝金属得到粗大柱状晶粒，区域偏析严重，焊接接头过热区宽，晶粒长大严重，焊接接头的塑性低。但对某些焊接接头，焊接热输入大些有利于焊缝中氢的逸出，减小裂纹产生倾向。所以，每种焊接方法都存在一个最佳的焊接规范或热输入。

4）操作方法

（1）单道、大功率、慢速焊法。此法焊接热输入大，操作时在坡口两侧的高温停留时间长，热影响区加宽，接头晶粒粗化，塑性和韧性降低。同时易在焊缝中心产生偏析，导致热裂纹。此法在焊接性好的材料焊接时可采用，以提高生产率。

（2）多层多道、小电流、快速、小摆动焊法。此法焊接热输入小，后焊焊道对前焊焊道焊缝及热影响区起热处理作用。因此，热影响区窄，晶粒较细，综合力学性能好。此法普遍用于焊接性较差的材料。

3. 焊接接头组织和性能的调整与改善

调整与改善焊接接头组织和性能的主要方法如下。

1）变质处理

变质处理是指通过焊接材料向焊缝金属中添加不同的合金元素，从而改善焊缝的组织和性能，如向熔池中加入细化晶粒的合金元素钛、钒、铌等，可以改变结晶形态，使焊缝金属晶粒细化，提高焊缝的强度和韧性。

2）振动结晶

振动结晶是指通过不同的途径使熔池产生强烈振动，破坏正在成长的晶粒，从而获得细小的焊缝组织，消除夹杂物、气孔和改善焊缝的性能。

振动结晶的方式有低频机械振动、高频超声波振动和电磁振动等。

3）多层焊

通过多层焊，一方面每层焊缝变小而改善了凝固结晶条件；另一方面后一层焊缝的热量对前一层焊缝有附加热处理（相当于正火或回火）作用，前一层焊缝的热量对后一层焊缝有预热作用，从而改善了焊缝的组织和性能。

4）预热和焊后热处理

预热可降低焊接接头区域的温差，减小热影响区的淬硬倾向。预热还有利于焊缝中氢的逸出，减小焊缝中的含氢量，防止冷裂纹的产生。

焊后热处理是指焊后为改善焊接接头的组织和性能或消除残余应力而进行的热处理。按处理工艺不同，焊后热处理可分别起到改善组织、性能，消除残余应力或扩散氢的作用。焊后热处理的方法主要有高温回火、消除应力退火、正火和调质处理。

5）锤击焊道表面

锤击焊道表面可使焊缝表面的晶粒破碎，使后层焊缝凝固时晶粒细化，改善焊缝的组织和性能。此外，逐层锤击焊缝表面可减小或消除焊接接头中的残余应力。

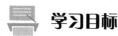

学习活动 3　垂直固定管焊接操作

学习目标

1. 会进行管道坡口的加工、清理、钝边操作；
2. 会进行管道的组对和定位；
3. 能合理选择焊接规范及参数；
4. 能正确调整焊条角度；
5. 能进行打底层、填充层和盖面层的焊接操作。

学习过程

一、焊前准备

垂直固定管焊接的坡口加工、清理、钝边、组对和定位操作与水平固定管焊接的相同，焊接工艺参数见表 10-2。

表 10-2　焊接工艺参数

焊接层次	运条方法	焊条直径/mm	焊接电流/A
打底层	灭弧法	2.5	60～70
填充层	直线形运条法或斜锯齿形运条法	2.5	65～75
盖面层	直线形运条法或斜锯齿形运条法	2.5	65～75

二、操作要领

1. 打底层焊接

打底层采用灭弧法焊接，焊条角度如图 10-3 所示，与焊件下侧成 80°左右。采用直击法在图 10-3 所示的起焊处坡口内引弧，随后拉长电弧预热 2～3 秒后压短电弧，在上坡口处形成第一个焊点，摆动焊条至下坡口处形成第二个焊点，使两个焊点完全熔合形成一个完整的熔池。待熔池颜色由亮变暗时，再重新引弧，听到"噗、噗"声后灭弧，形成一个新的熔孔，熔孔的大小以两侧钝边各熔化 1～1.5mm 为宜，但下侧的熔孔要略小于上侧的熔孔。焊接时应保持熔孔大小一致，熔池铁水清晰明亮。重新引弧时要使焊条伸至坡口根部，运条时电弧从上侧引弧,略停留后,按小斜月牙形摆动焊条至下坡口,再略停留后,向后下方果断灭弧。如此循环往复操作。如果焊缝间隙过小,则可采用中间击穿法(在熔孔中间击弧),以使根部焊透。

更换焊条前,应在下侧坡口边缘处收弧,防止产生冷缩孔。

当接头时,动作要迅速,先在弧坑后 10mm 处引弧,拉长电弧对待接头处预热 2～3 秒后焊接至熔孔处,焊条往里压一下,听到"噗、噗"声后,立即灭弧,转入正常焊接流程。

当焊接至定位处约 3mm 时,不要灭弧,调整焊条角度采用画圆圈摆动法摆动焊条,定位处充分熔化后,往里压一下电弧,稍做停留后填满弧坑。

其他位置的焊接方法与上述相同。当焊接完整条焊缝封口时,操作方法与定位处接头的一致。

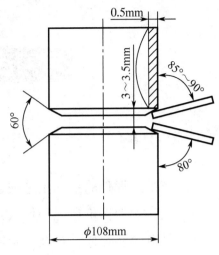

2. 填充层焊接

填充层焊接采用连弧焊方法,焊条角度如图 10-3 所示。当打底层厚度不足以达到盖面的要求时需要进行填充,填充时可采用斜锯齿形运条法填充一道焊缝或采用直

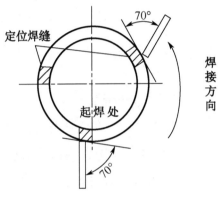

图 10-3　焊条角度

线形运条法填充两道焊缝,填充层高度应低于母材表面 0.5～1mm,保留坡口两侧的边缘线,以便盖面层的焊接。填充层操作方法与板对接横焊中的操作方法基本相同。

3. 盖面层焊接

盖面层焊接之前要彻底清除焊渣等缺陷,对高出母材的部分要铲除。盖面层分两道焊缝焊接,采用直线形运条法,第一道焊缝熔去下侧坡口线 1～2mm,焊缝要平直、饱满。第二道焊缝焊接速度略快于第一道焊缝的,覆盖第一道焊缝的 1/2 左右,焊条角度与焊件上侧成 85°～90°,两道焊缝的接头处应错开。

✏️ 安全提示

1. 穿戴好劳保用品;
2. 使用火焰切割坡口和角向磨光机时要注意安全,佩戴墨镜和平光防护眼镜;
3. 管子要夹紧、放置牢固;
4. 敲焊渣时要用面罩盖住焊缝,防止焊渣溅入眼睛。

学习活动 4 作品考核与评价

学习目标

1. 能讲述焊件的制作工艺或过程，指出存在的问题；
2. 能客观地评价自己和他人；
3. 具有团队合作精神及一定的语言表达和沟通能力。

学习过程

【评价与分析】

本学习情境学习结束后，需要考核与评价。

每个学生首先介绍自己焊件的制作工艺或过程，然后进行表 10-3 中的自我评价，最后教师进行评价和焊件检测。垂直固定管焊接作品考核评价表见表 10-4。总成绩表见表 10-5。

表 10-3　工作任务过程评价表

班级＿＿＿＿＿　学生姓名＿＿＿＿＿　组名＿＿＿＿＿　学号＿＿＿＿＿

项目	自我评价/分			小组评价/分			教师评价/分		
	10～9	8～6	5～1	10～9	8～6	5～1	10～9	8～6	5～1
	占总评 10%			占总评 30%			占总评 60%		
劳保着装									
安全文明									
纪律观念									
工作态度									
时间及效率观念									
学习主动性									
团队协作精神									
设备规范操作									
成本和环保意识									
实训周记写作能力									
小计/分									
总评/分									

任课教师：　　　　　年　　月　　日

表 10-4　垂直固定管焊接作品考核评价表

外观考核配分及评分标准　　　评分人＿＿＿＿＿＿　　姓名＿＿＿＿＿＿　　总分＿＿＿＿＿＿

序号	检测项目		配分/分	考核技术要求	实测记录	扣分/分	得分/分
1	余高	正面	6	0～3mm；每超 0.5mm 扣 1 分			
		背面	6	0～3mm；每超 0.5mm 扣 1 分			
2	余高差	正面	6	每 1mm 扣 1 分			
		背面	6	每 1mm 扣 1 分			
3	表面宽度		6	允许 12～14mm；超 0.5mm 扣 1 分			
4	宽度差		6	每 1mm 扣 1 分			
5	夹渣	正面	6	无夹渣。点渣＜2mm，每点扣 2 分；条、块渣＞2mm，0 分			
		背面	4	无夹渣。点渣＜2mm，每点扣 2 分；条、块渣＞2mm，0 分			
6	咬边		8	深度＜0.5mm，每 5mm 扣 1 分；深度＞0.5mm，0 分			
7	未焊透		8	无未焊透。如有，则每 2mm 扣 1 分；总长＞10mm，0 分			
8	未熔合		8	无未熔合。如有，则每 2mm 扣 1 分；总长＞10mm，0 分			
9	背面内凹		4	深度为 0～1mm，每 5mm 扣 1 分			
10	缩孔（含气孔）		4	每个扣 2 分			
11	错边与角变形		4	错边≤1mm，超 1mm 扣 1 分；角变形≤3°，超 1°扣 1 分			
12	弧坑		4	每处弧坑（含起焊端未焊满）扣 2 分			
13	焊缝成形		8	焊缝整齐、波纹细密、均匀、光滑、高低宽窄一致 优 8分／良 6分／中 4分／差 0分			
14	试件清洁		2	视飞溅和焊渣情况扣 2～4 分			
15	安全文明生产		4	服从劳动管理、穿戴好劳保用品，按规定安全技术要求操作			

表 10-5　总成绩表

类别	单项成绩/分	权重比例	小计/分
工作任务过程评价		10%	
网络线上学习		30%	
作品考核评价		60%	
总分/分			

模块五　拓展训练

项目一

立柱制作

在石油、化工机械及民用建筑等焊接结构中，经常会遇到梁、柱等结构的焊接，特别是现代建筑及厂房的施工中，钢结构的使用越来越普遍。本项目要求学生能根据产品图样和技术要求，合理选用相应的焊接设备和工艺。

学习活动1　工作任务书

立柱制作工作任务书如图1所示。

学习活动2　设备、工量具和材料准备

设备、工量具和材料见表1。

表1　设备、工量具和材料

序号	名称	型号与规格	单位	数量	备注
1	电焊机	ZX5-400 或 ZX7-400	台	1	
2	手锤		个	1	
3	敲渣锤		个	1	
4	钢丝刷		个	1	
5	焊条筒		个	1	
6	钢直尺		把	1	
7	钢角尺		把	1	
8	角向磨光机	$\phi100mm$	台	1	
9	焊缝测量尺		把	1	
10	石笔			若干	
11	钢板	Q235，$\delta=10mm$			
12	焊条	E4303，$\phi3.2mm$			

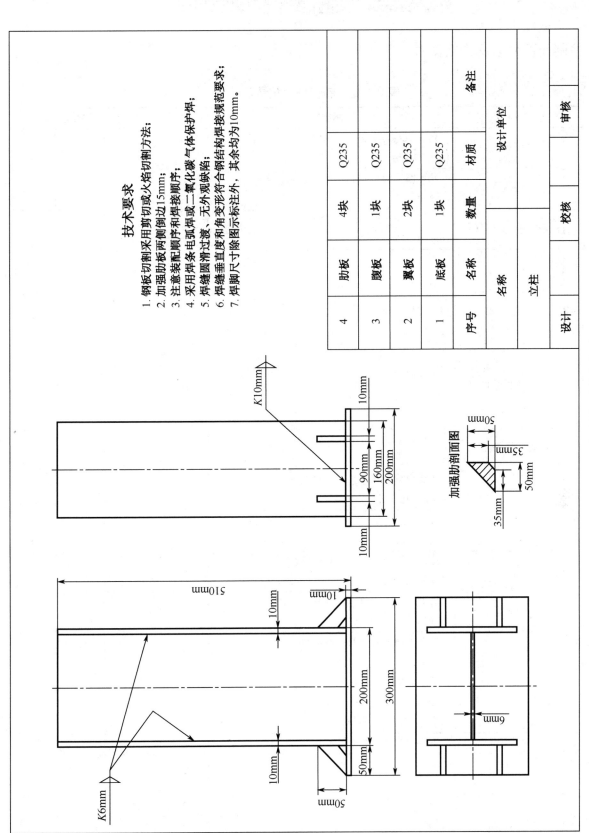

序号	名称	数量	材质	备注
4	肋板	4块	Q235	
3	腹板	1块	Q235	
2	翼板	2块	Q235	
1	底板	1块	Q235	
	名称	立柱	设计单位	
设计		校核		审核

技术要求

1. 钢板切割采用剪切或火焰切割方法；
2. 加强肋板两侧倒边15mm；
3. 注意装配顺序和焊接顺序；
4. 采用焊条电弧焊或二氧化碳气体保护焊；
5. 焊缝圆滑过渡，无外观缺陷；
6. 焊缝垂直度和角变形符合钢结构焊接规范要求；
7. 焊脚尺寸除图示标注外，其余均为10mm。

图 1 立柱制作工作任务书

学习活动 3 评分记录表

立柱制作评分记录表见表2。

表2 立柱制作评分记录表

序号	检测项目		技术要求		配分/分	实测记录	扣分/分	得分/分
1	结构尺寸	截面高度 h	允许偏差为±2mm，每偏差1mm扣2分		6			
2		截面宽度 b	允许偏差为±3mm，每偏差1mm扣2分		6			
3		腹板中心线偏移 e	允许偏差为2mm，每偏差1mm扣2分		8			
4		翼板的垂直度 Δ	允许偏差为 $b/100$mm，且≤3mm，每偏差0.5mm扣2分		12			
5		整体结构的垂直度 Δ	允许偏差为 $h/1000$mm，且≤10mm，每偏差1mm扣2分		10			
6		柱脚底板平面度	允许偏差为 5mm，每偏差1mm扣1分		4			
7	焊缝尺寸	焊脚尺寸	腹板焊缝为 6～8mm，每偏差1mm扣2分		6			
8			翼板及肋板焊缝为10～12mm，每偏差1mm扣2分		6			
9		焊缝余高	腹板焊缝为 0～1.5mm，每偏差0.5mm扣2分		6			
10			翼板及肋板焊缝为 0～3mm，每偏差1mm扣2分		6			
11		表面夹渣	焊缝表面不允许有夹渣，每处扣2分		6			
12		咬边	长度≤0.5mm，且连续长度≤100mm，每超5mm扣1分；深度>0.5mm不得分		6			
13		焊缝接头	脱节或超高，每处扣1分		6			
14		焊缝成形	优6分，良4分，中2分，差0分		6			
15		弧坑裂纹	每处扣2分		4			
16		电弧擦伤	每处扣1分		2			

对流管束制作

在石油、化工机械及管道安装过程中，经常会遇到压力容器及压力管道的焊接，本项目是高级焊工技能鉴定的一部分内容，要求学生进行对流管束的装配、焊接及水压试验。

学习活动1　工作任务书

对流管束制作工作任务书如图1所示。

学习活动2　设备、工量具和材料准备

设备、工量具和材料见表1。

表1　设备、工量具和材料

序号	名称	型号与规格	单位	数量	备注
1	电焊机	ZX5-400 或 ZX7-400	台	1	
2	氧气、乙炔气割工具		套	1	
3	手锤		个	1	
4	敲渣锤		个	1	
5	钢丝刷		个	1	
6	焊条筒		个	1	
7	钢直尺		把	1	
8	钢角尺		把	1	
9	角向磨光机	$\phi 100mm$	台	1	
10	焊缝测量尺		把	1	
11	石笔			若干	
12	钢管	20#钢，$\phi 108mm \times 5mm$，$\phi 51mm \times 3.5mm$，$\phi 32mm \times 3.5mm$			
13	钢板	Q235，$\delta = 6mm$			
14	焊条	E4303，$\phi 3.2mm$			

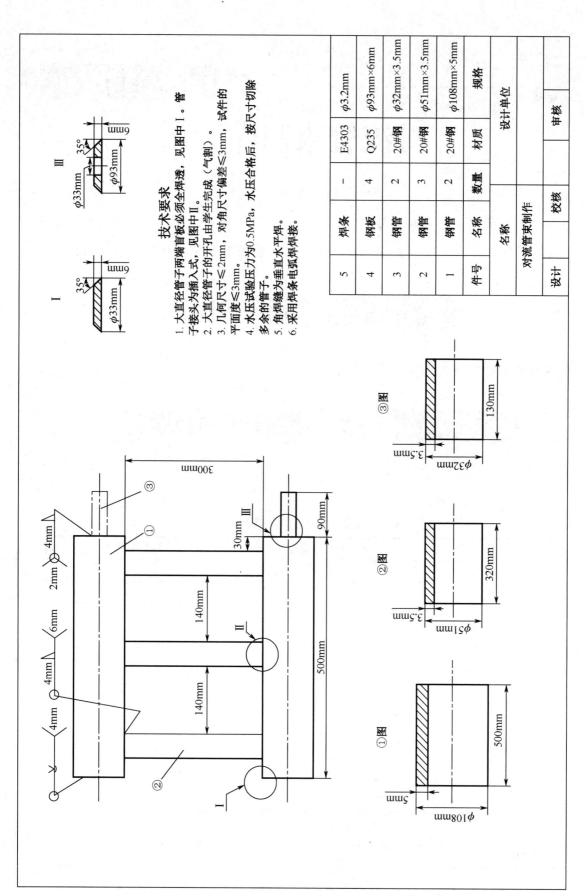

图1 对流管束制作工作任务书

学习活动 3 评分记录表

对流管束制作评分记录表见表 2。

表 2 对流管束制作评分记录表

序号	考核内容	考核要点	配分/分	评分标准	检测结果	扣分/分	得分/分
1	焊前准备	劳保着装及工具准备齐全，参数设置、设备调试正确并符合要求	5	劳保着装不符合要求，参数设置及工具每缺一项或不符合要求扣 1 分			
2	焊接操作	操作规范	3	操作不规范不得分			
3	焊缝外观	裂纹、未熔合	10	有任何一项缺陷不得分			
		焊缝咬边深度≤0.5mm，两侧咬边总长度不超过焊缝总长度的15%	10	咬边深度≤0.5mm，累计长度每超 5mm 扣 1 分，超过 30mm 不得分；咬边深度>0.5mm 不得分			
		表面气孔及夹渣	10	每个缺陷扣 1 分			
		焊脚高度差≤3mm	15	焊脚高度差>2.5mm 扣 10 分，超过 2.5mm 的部分每 0.1mm 扣 1 分			
		焊脚凹凸度差≤2mm	10	焊脚凹凸度差>1.5mm 扣 5 分，超过 1.5mm 的部分每 0.1mm 扣 2 分			
		几何尺寸偏差≤2mm	10	几何尺寸偏差>1mm 扣 5 分，且每超出 0.2mm 扣 1 分			
		试件平面度≤3mm	10	试件平面度>2mm 扣 5 分，且每超出 0.2mm 扣 1 分			
4	焊缝内部质量	不允许泄漏	15	泄漏不得分			
5	其他	安全文明生产	2	设备工具复位、试件摆放整齐、场地清理干净，一处不符合要求扣 1 分			
	合计/分						

反侵权盗版声明

电子工业出版社依法对本作品享有专有出版权。任何未经权利人书面许可，复制、销售或通过信息网络传播本作品的行为；歪曲、篡改、剽窃本作品的行为，均违反《中华人民共和国著作权法》，其行为人应承担相应的民事责任和行政责任，构成犯罪的，将被依法追究刑事责任。

为了维护市场秩序，保护权利人的合法权益，我社将依法查处和打击侵权盗版的单位和个人。欢迎社会各界人士积极举报侵权盗版行为，本社将奖励举报有功人员，并保证举报人的信息不被泄露。

举报电话：（010）88254396；（010）88258888

传　　真：（010）88254397

E-mail：　　dbqq@phei.com.cn

通信地址：北京市万寿路 173 信箱

　　　　　电子工业出版社总编办公室

邮　　编：100036